建筑钢笔画技法与写生实例分析

Building Pen Drawing
Example Analysis of Techniques
and Sketching

陈方达 林曦 著

中国电力出版社

内容提要

徒手钢笔画作为造型基础课程之一，是高等院校建筑、城市规划、风景园林及其他艺术设计类专业学生必备的一项基本技能。本书由长期工作在教学一线，教学经验丰富、广受学生喜爱的名师编写而成，书中通过大量教学范例的讲解，全面、系统地阐述了建筑钢笔画的学习方法与操作技法。全书共分六部分，包括概述、建筑钢笔画的基础训练、建筑钢笔画的训练方法、建筑钢笔画的表现形式、建筑钢笔画的实例分析、建筑钢笔画作品欣赏。本书适合建筑学、城市规划、风景园林、室内设计等相关专业学生，以及广大钢笔画爱好者学习与临摹。

图书在版编目（CIP）数据

建筑钢笔画技法与写生实例分析／陈方达，林曦著
. — 北京：中国电力出版社，2014.8（2019.8重印）
ISBN 978-7-5123-5811-9

Ⅰ．①建… Ⅱ．①陈… ②林… Ⅲ．①建筑艺术－钢笔画－速写技法 Ⅳ．①TU204

中国版本图书馆CIP数据核字(2014)第081829号

中国电力出版社出版发行
北京市东城区北京站西街19号　100005　http://www.cepp.sgcc.com.cn
责任编辑：王　倩
责任印制：蔺义舟　　责任校对：闫秀英
北京盛通印刷股份有限公司印刷·各地新华书店经销
2014年8月第1版·2019年8月第5次印刷
889mm×1194mm　1/16·10.5印张·334千字
定价：39.80元

版 权 专 有　侵 权 必 究

本书如有印装质量问题，我社营销中心负责退换

前言

钢笔是大家十分熟悉的书写工具，同时也是画家和设计师青睐的绘画工具。钢笔画是大家喜闻乐见的一种绘画表现形式，具有自身独特的艺术魅力。钢笔线条具有下笔不易修改的特点，所以用钢笔作画必须做到：用笔肯定、果断、胸有成竹，这对于学习绘画和设计的同学来说是一种非常重要的技能，要求学习者必须具备一定的专业基本功底。徒手钢笔画作为造型基础课程之一是建筑设计、城乡规划、风景园林以及其他艺术设计类专业学生必须掌握的一项重要技能，通过对钢笔画的练习，学生可以有效提高造型能力和设计综合能力。

随着科技水平的不断发展，计算机已经被普遍运用到各类设计行业中，这给我们带来了新的选择和新的表现方法。但是，无论计算机设计绘图如何被广泛地应用，它都不可能完全取代手绘的作用。我们提倡的钢笔手绘训练至少有以下三点重要的意义：其一，快速而熟练的手绘表达能够迅速捕捉到自己头脑中的形象设计意念；其二，钢笔手绘表达可以帮助设计师研究推敲设计方案；其三，通过手绘的练习能够培养和提高练习者的观察能力、表现能力和审美能力。

建筑钢笔画的学习是一个长期的过程，绝不是突击几天就可以一蹴而就的。大家只要勤学苦练、勇于尝试、循序渐进、持之以恒，就一定会有所收获，取得成功。

笔者长期工作在教学第一线，对于学生在学习中的各种问题和困难十分了解，所以本书对建筑钢笔画的教学具有很强的针对性和可操作性。书中建筑钢笔画图例是笔者在教学过程中长期积累的成果，取材内容丰富，表现风格多样。本书通过大量的图例和具体的写生实例深入浅出的分析、介绍、说明，使读者能够清楚地了解、掌握建筑钢笔画的方法、步骤和技法。

本书在编著的过程中得到了合肥工业大学陈新生教授的大力支持，在此表示衷心的感谢。福建工程学院的黄东海老师、孙群老师、王隽彦老师也为本书提供了部分精彩的作品，在此一并致谢。

作者
2014年3月于福州

目录

前言

1 概述 1
1.1 建筑钢笔画的作用与意义 1
1.2 建筑钢笔画的工具与材料 6
1.3 建筑钢笔画的特点 8

2 建筑钢笔画的基础训练 21
2.1 线条的练习 21
2.2 取景与构图 24
2.3 透视原理 34
2.4 主体与配景 43

3 建筑钢笔画的训练方法 88
3.1 临摹 88

3.2 对图速写 89
3.3 实景写生 91

4 建筑钢笔画的表现形式 98
4.1 线描表现形式 98
4.2 明暗表现形式 103
4.3 综合表现风格 105

5 建筑钢笔画写生实例分析 112
5.1 建筑钢笔画线描表现写生实例与步骤 112
5.2 建筑钢笔画明暗表现写生实例与步骤 115
5.3 建筑钢笔画综合表现写生实例与步骤 118

6 建筑钢笔画作品欣赏 122

1 概述

钢笔画的历史可以追溯到1000多年前的中世纪，那时欧洲各地广为传播的《圣经》和《福音书》手抄本的插图可以说就是钢笔画的雏形。文艺复兴时期，我们熟知的画家们几乎毫无例外地都使用钢笔绘制他们的创作稿和素描稿，其中最负盛名的莫过于荷兰画家伦勃朗和德国画家丢勒。伦勃朗用蘸水笔所画的素描无论是人物速写，还是寻常小景，都极为概括生动。19世纪末，随着自来水笔的出现，通常意义上的钢笔工具得到了普及，钢笔画成为人们喜闻乐见的一种艺术形式。

钢笔画是设计师、建筑师、室内设计师表达设计意图、探讨设计方案、收集设计资料的重要手段之一，也是画家和设计师应该掌握的一项基本技能。

1.1 建筑钢笔画的作用与意义

钢笔画的工具简单，携带方便，表现手法灵活多样、生动活泼。钢笔画具有造型明确的特点，可以用简洁的线条准确地表达建筑的形体结构。所以钢笔(包括签字笔等)就成了建筑设计师、室内设计师、景观设计师表达设计意图和记录建筑生活场景的工具。

设计师在构思过程中可以通过钢笔这一表现形式将大脑里抽象的思维延伸到外部进行形象化展示，使自己能够直观地发现问题、分析问题和解决问题。钢笔画作为最常见的设计表现形式之一，是传递设计思想的载体；同时钢笔画也是学生在考试、求职应试时的重要表现手段，是美术和设计专业人员必须具备的一种基本表现能力。

钢笔画除了作为独立的一种设计表现手法之外，还可以作为常见的设计快速表现手法(马克笔、彩色铅笔、钢笔淡彩等)的基础底稿,快速表现往往是在钢笔画的基础上着色完成的,钢笔底稿的线条是否流畅、用笔是否到位,对后续的成稿尤为重要,所以学习手绘表现(色彩快速表现)首先要练好钢笔线描画法。因此,建筑钢笔画是建筑设计、城市规划设计、室内设计、景观设计等专业必修的一门重要的专业基础课程。

1.1.1　作为独立的绘画表现

钢笔画作为独立的一个画种,具有很强的表现力。它可以采用各种不同的表现方法非常清晰地表达空间的形体特征、材料质感、空间明暗层次等关系。

1. 以线条为主要造型手段并辅助明暗层次的画法可表现建筑空间的体量感和层次感。它往往是采用写实的表现手法,在透视关系准确、比例结构严谨的基础上赋予合理的明暗关系。充分表现出具有真实性和艺术性的建筑形体特征,从而在表达的明暗中使人感受到形体与空间的存在。

武夷山民居　作者｜陈方达

福州民居　作者｜陈方达

2. 以线条描绘建筑轮廓和结构的画法可表现建筑的形体特征及建筑的结构。在掌握透视及理解建筑形体结构的前提下，往往采用同一粗细的线条、依靠线条的疏密组合等处理手法，表现出极具特点的钢笔画艺术作品。

徽州宏村　作者｜陈方达

福州三坊七巷　作者｜陈方达

工行烟台山支行 作者 | 林曦

婺源民居 作者 | 陈方达

3. 以较为随意的线条为主且速度较快的画法可表达建筑的体块及空间关系。虽然只是表现建筑大体空间关系，忽略细节，但却能把握空间的整体关系以及主要特征，所表达的画面往往具有独特的艺术感染力和审美价值。

福建民居　作者│陈方达

丽水民居　作者│陈方达

1.1.2 作为快速表现图的基础底稿

设计快速表现方法（指色彩画法）往往是在钢笔画稿的基础上进行着色。常见的快速表现画法有：水彩淡彩、马克笔、彩色铅笔等。同时钢笔画也可以结合电脑进行上色，以达到一种既有电脑绘图的模拟真实的效果，又具有手绘作品艺术性特殊的画面效果。

1. 水彩淡彩：水彩的颜色具有透明的特点是设计快速表现中较为常见的一种方法。钢笔淡彩的画法，一般是在钢笔线描稿的基础上，特别是在建筑界面的交界处和结构转折处施以适当的色彩，使画面达到结构清晰、色彩轻快的艺术效果。

2. 马克笔：马克笔是目前设计快速表观技法中最常用的一种工具，具有和水彩颜色相似的特点，即色彩透明，艳丽，覆盖力不强等。所以选择马克笔作为工具时，必须以清晰的钢笔线为底稿。上色时力求做到用笔遒劲有力，注重建筑的体块感，以达到强烈的视觉效果。

3. 彩色铅笔：彩色铅笔也是设计表现技法中较为常见的一种表现手法，同时也是水彩、马克笔等快速表现的辅助工具，彩色铅笔的画面一般不易深入。因此，也常以钢笔线为底稿，在此基础上，淡淡地施以颜色，注重画面色彩的协调性和用笔的随意性，以达到清新淡雅的艺术效果。

4. 电脑上色：电脑绘图具有画面真实、容易修改等优点，而钢笔画则具有很强的艺术性，两者的结合可能是未来设计表现的重要手段，绘制时可先将所画的钢笔画扫描输入到电脑中，再通过Photoshop等绘图软件进行着色，结合了两者的优点，所绘制出的画面具有一定的艺术性和真实的效果。

1.2 建筑钢笔画的工具与材料

1.2.1 工具

建筑钢笔画的工具也是我们平时书写的工具，非常普及，随处都有，且携带方便，容易购买，价格便宜。一支笔往往就能表现出丰富的艺术效果。常用的有：钢笔、美工笔、针管笔、签字笔等。在挑选工具时要注意的是：不管选用哪种笔，最重要的是出水要流畅。

1. 钢笔与美工笔

钢笔是最常见的书写工具。它起源于17世纪的鹅毛管笔，19世纪初逐渐发展成为现在的贮水钢笔。美工笔是在原有钢笔的笔头上进行弯曲，使用时根据用力和笔身的倾斜和直立的角度不同、方向不同可以描绘出各种不同粗细的线条，使线条富于变化，增强了线条的表现力，也更加丰富了画面的艺术感染力。

2. 针管笔与签字笔

针管笔是设计制图的常用工具，签字笔则是目前最常用的书写工具。因为其所绘制出的线条与钢笔线条相似，且针管笔、签字笔都有型号和规格多样以及出水流畅的特点，所以目前是钢笔画常用的表现工具。

3. 其他各种笔

钢笔画的概念已不仅仅局限在以钢笔、签字笔等工具所表现的画面，而已经扩展到圆珠笔、记号笔、宽头笔、软性尖头笔、马克笔等工具所表现的画面。只要敢于尝试和探索，不难发现，有些工具具有极强的表现力，为拓展钢笔画的艺术效果带来了最大的可能，也使钢笔画的表现方法更加丰富多样。

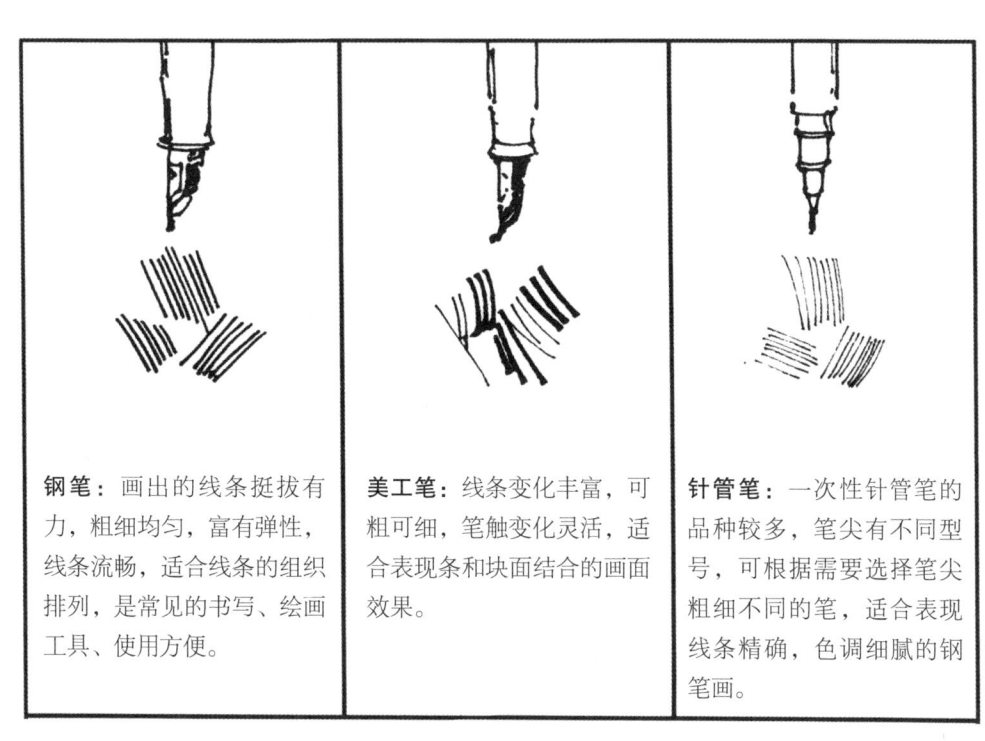

钢笔：画出的线条挺拔有力，粗细均匀，富有弹性，线条流畅，适合线条的组织排列，是常见的书写、绘画工具、使用方便。

美工笔：线条变化丰富，可粗可细，笔触变化灵活，适合表现条和块面结合的画面效果。

针管笔：一次性针管笔的品种较多，笔尖有不同型号，可根据需要选择笔尖粗细不同的笔，适合表现线条精确，色调细腻的钢笔画。

各种画笔

1.2.2 材料

钢笔画除了要用到钢笔、签字笔等工具之外，还需要有纸张、墨水、涂改液等材料。

纸张：对钢笔画的完成也很重要，钢笔画的用纸可选择的品种很多，以质地较实、光洁、有少量吸水性能的为好。如绘图纸、素描纸、铅画纸、卡纸、白板纸、复印纸等。有色纸也是钢笔画中经常使用的纸张，选用这种纸张作画降低了钢笔线条的明度对比，使画面呈现出柔和的视觉特征，可产生和谐优雅的色调。选择不同质地、不同肌理、不同色彩的纸张可表现出不同的画面效果。

因钢笔、签字笔的笔头坚硬，加上用笔的力度，所以纸张的选择首先要有一定的厚度和坚韧性，以确保用笔时坚硬的笔尖不至于将纸面划破。一般现有的纸张有180克、200克、240克、300克等规格，通常克数越大的纸张就越厚，平整度也越好。在质地光滑的纸张上作画，线条流畅秀丽。而在纹理粗糙的纸张上作画，线条粗犷，很有质感，变化多样。

素描速写本、水彩速写本也是理想的钢笔画纸张，现在市面上能够购买到的速写本种类繁多，规格齐全，携带使用方便，是外出写生的理想用纸。常用的有8开（A3）速写本、12开（方形）速写本、16开（A4）速写本，可根据各自的习惯和具体情况来选择自己所需要的速写本。除此之外，也可以选择单张的素描纸、毛边纸、牛皮纸等。

墨水：在使用注水钢笔和美工笔时还必须用到墨水，一般选择国产墨水就可以。但要注意的是，如果所描绘的钢笔线稿是作为钢笔淡彩（在钢笔线稿基础再用水彩上颜色）的底稿，那么就要选择相对特殊的墨水，以防止上色时钢笔线稿墨色的溶化。

涂改液：钢笔画线条不易修改。一般情况下钢笔画的线条也不做修改，只有在万不得已的情况下才用涂改液进行适当的修改，因此画钢笔画的过程中可准备一支涂改液。

1.3 建筑钢笔画的特点

钢笔画不同于一般的绘画，建筑钢笔画又稍有别于一般的钢笔画。从表现的内容来看，建筑钢笔画一般表现鸟瞰的城市、现代建筑、教堂钟楼、乡间别墅、普通住宅、古老民居等，而表现的形式除了一般的钢笔画所具备的艺术特点之外，往往是以具体的形象表达画家或设计师对真实场景的体验，以此来说明想要表述的感受。需要表现建筑的形态特点、结构关系、空间特征及建筑与环境的相互关系等。它具有形象的明显可识别性，因此，建筑钢笔画往往采用的是相对写实的表现手法，客观真实地再现建筑，这也是建筑钢笔画的主要特点。

在钢笔画艺术中线条是极为活跃的表现因素，用线条去界定物体的内外轮廓、姿态、体积是最简洁客观的表现形式。钢笔线条以其良好的兼容性，无论是单线勾勒，还是线描明暗相互结合的表现，都能得到很好的效果，因此我们说线条是钢笔画艺术的灵魂。

钢笔一般无法像铅笔一样有浓淡变化，因而钢笔画在色阶的使用上是有限的，它缺乏丰富的灰色调，这是钢笔画自身的局限性，然而正是这种局限使我们将钢笔画列入黑白艺术之列。很多优秀的钢笔画往往强调色阶的两极，合理的黑白布局往往使钢笔画显得精练概括，使作品有很强的视觉冲击力和整体感。这一点钢笔画与版画有着相似之处。传统的黑白木刻中，由于工具材料与手工印刷精度的限制，使得木刻作品不追求过多琐碎的灰色调，形成了木刻中特有的黑白语言。

校园 作者｜陈方达

过桥　木刻　作者｜桑格（美国）

大雁　木刻
精练概括是木刻作品特有的黑白绘画语言。

桂峰村　作者｜陈方达

鼓浪屿老别墅　作者｜陈方达

德国城堡　作者｜陈新生
应用大块的黑白块面与线条的建筑造型形成了对比强烈的视觉效果。

福州下杭老街　作者｜陈方达

石拱桥　作者｜陈方达

福州三坊七巷　作者｜陈方达

英国爱丁堡　作者｜陈新生

皖南金村　作者 | 林曦

1.3.1 具有独立审美价值的建筑钢笔画

20世纪初,随着现代美术与工业化大生产相适应的造型设计学科的蓬勃兴起,更多的画家、设计师投入钢笔画创作的艺术领域。无论是抽象的革新派画家、忠实的写实派画家,还是为商业包装和现代设计服务的设计师,他们都留下了数目可观的钢笔画佳作,其中既有逸笔草草的生动速写,也有精细入微和刻画深入的完整佳作。连那些在现代艺术史上声名显赫的大师们,如凡高、马蒂斯、毕加索等都用钢笔进行了大量的艺术创作。钢笔画的表现力有了很大的发展,如今,在钢笔技法不断完善和钢笔工具不断科学化、多样化的基础上,以建筑为表现题材的钢笔画已经成为一门具有独特审美价值的绘画门类。

九寨沟　作者|陈新生

丽水民居　作者｜陈方达

小巷　作者｜陈方达

概 述 | 15

巴黎　作者｜陈新生

水乡同里　作者｜陈方达

湖南张谷英村　作者 | 陈方达

绍兴柯桥　作者 | 陈方达

概 述 | 17

徽州宏村　作者｜陈方达

徽州宏村　作者｜陈方达

闽南民居　作者 | 林曦

徽州西递村　作者 | 陈方达

思考题

1. 在建筑设计广泛应用计算机的时代,为什么手绘建筑钢笔画的技能依然是重要的专业基础?
2. 建筑钢笔画有什么样的表现特点?
3. 为什么说建筑钢笔画具有独立的审美价值?

2 建筑钢笔画的基础训练

2.1 线条的练习

线条是钢笔画的重要组成部分。

初学画者因为没有把握，所以线条常画得断断续续、软弱无骨，整个画面给人缺乏自信，没有生气之感。钢笔画线条的表现力是经手指、手腕、肘和肩膀的协调运动来实现的。因此，初学画者可以通过有针对性的练习来提高驾驭线条的能力。

钢笔画线条具有两个特征：① 干脆、果断、自信、不拖泥带水；② 具有变化性，如粗细、长短、浓淡、快慢等变化。

缺乏自信的线条

现在我们进行如下几种练习：

1. 先运动一下手指，只用手指画不同方向的短线条。

短线条练习

2. 配合手腕画中长度的线条，要避免出现不由你控制的弯曲线条。

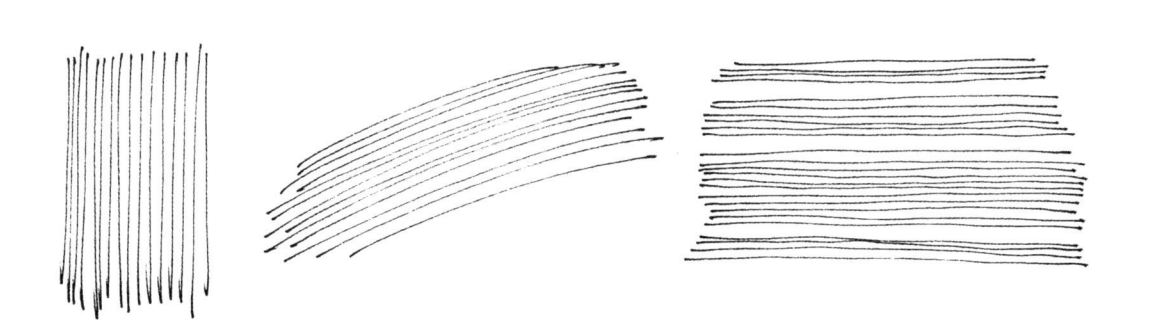

中长线条练习

3. 协调运动肘、肩膀，画长线条。

长线条练习

4. 通过手指、腕、肘和肩膀的协调运动，画变化多样的自由线条，注意起笔、运笔、收笔、快慢等的节奏变化，保持线条的流畅性、随意性。

自由线条练习

5. 线条的排列组合形成色块，练习各种排列组合形成不同的色块肌理、明暗调子。

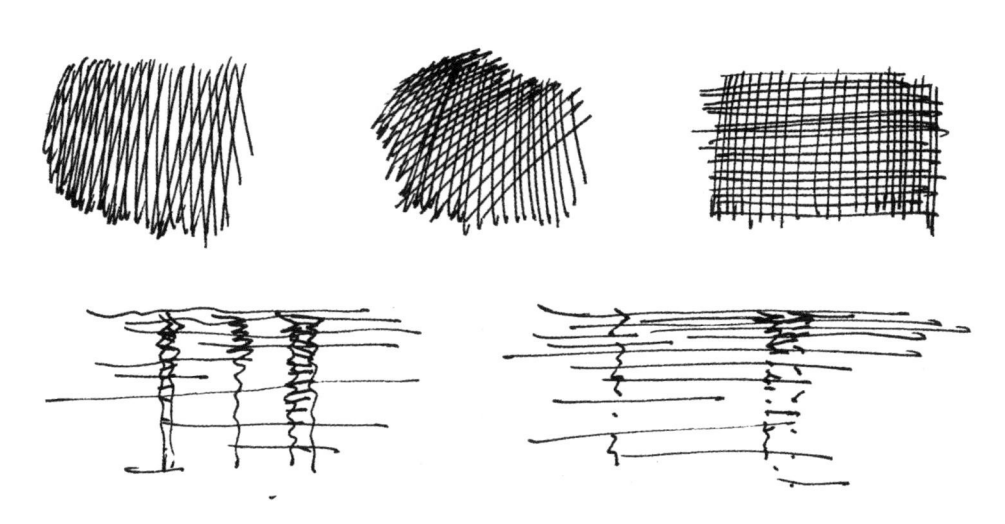

色块练习

2.2 取景与构图

景物主要有自然风光和人文景观两大类。

不是所有的景物都可入画，能入画者首先要引起你的注意，能打动你，使你有作画的冲动，然后经过构思、创作、形成作品。因而要学会取景，发现美，并运用构图的规律，表现美和创造美。

所谓构图，即如何组织画面，它对整个作品起着举足轻重的作用。

构图时要安排好前景、中景、远景，它们是互相衬托、相辅相成、缺一不可的。一幅画中如果仅有中景，没有前景和远景，会显得单调、孤立，缺乏空间层次感。安排好前景、中景、远景才能使画面丰富多彩，产生感人的力量。一般来说，主体（兴趣中心）处于中景，对比强烈；配景在前景和远景，对比相对较弱。

远景

中景

前景

道边塔川　作者 | 林曦
三景结合使画面内容丰富，空间感更强。

建筑钢笔画的基础训练 | 25

构图时应注意以下几点：

1. 角度及横竖构图的选择

选择好景物后，从什么角度入手呢？要尽量选择能代表建筑特征的角度。一般采用正面稍侧的角度，正面和侧面因显得呆板，缺少变化，因而较少使用。

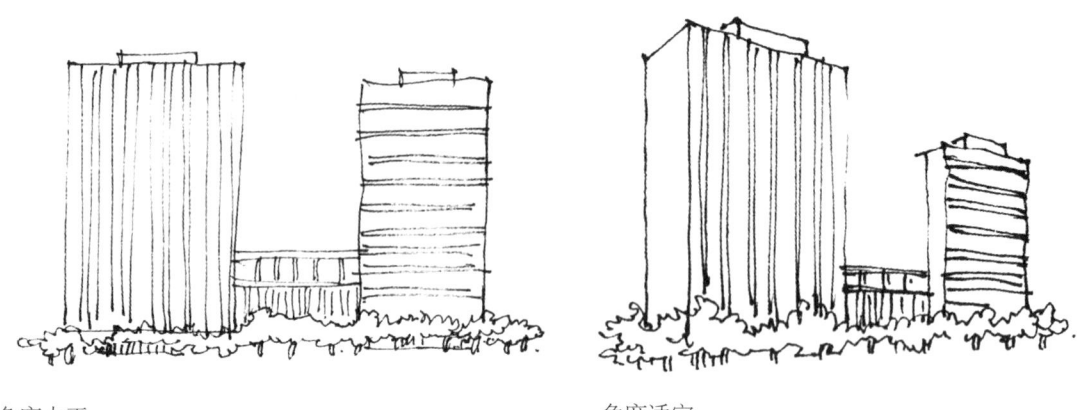

角度太正　　　　　　　　　　　　　　　角度适宜

皖南民居　作者｜林曦

至于横竖构图则看建筑体量的样式，宽阔体量建筑或景物处于横向位置时，一般采用横构图；具有高大体量或景观处于竖向位置时，采用竖构图比较合适。

横构图

竖构图

当然，同一景物也可根据需要灵活运用，形成不同的构图形式。

土楼　作者 | 林曦

土楼初夏　作者 | 林曦

2. 建筑物在画面中的位置

主体建筑过于居中使人感觉呆板，但也不宜太偏，太偏就会失去主体位置。一般来说，位置要稍微偏离正中间，使建筑的正面、入口处、门楼前方拥有较大空间。

过于居中　　　　　　　　　　　　　　构图太偏

云水谣民居　作者｜林曦

浙江松阳民居　作者｜陈方达

建筑钢笔画的基础训练 | 29

3. 建筑物在画中大小

不宜太大，太大会撑满画面使人感觉局促；也不宜太小，太小周围配景增多会使主体不突出。

构图太满

构图偏小

4. 建筑物与环境的形式变化

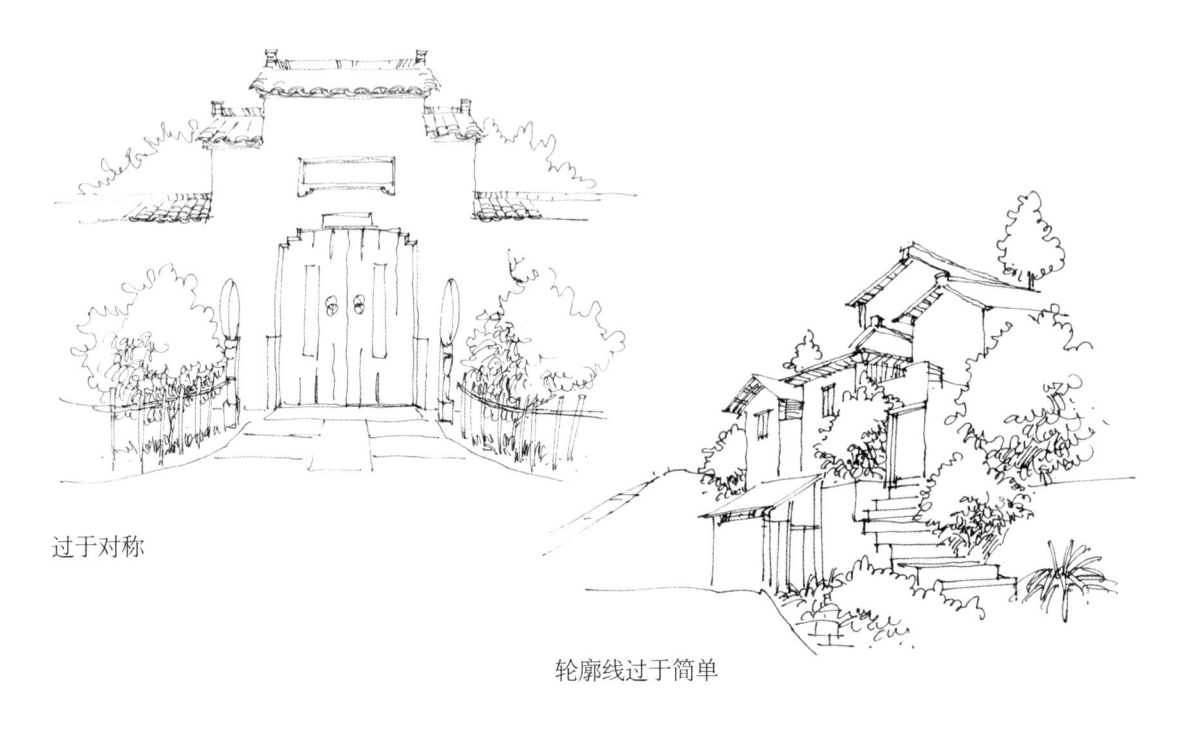

过于对称

轮廓线过于简单

雷岗山　作者｜林曦
改变左右两边树木形态寻求不对称。

桂峰山寨　作者｜林曦
改变远山体势及树木大小使之有高低节奏变化。

建筑钢笔画的基础训练 | 31

皖南金村　作者｜陈方达

5. 兴趣中心的设置

所谓兴趣中心即是吸引视线的部位或区域。面对景物应选择最能吸引注意力的焦点（如果焦点太弱就不能吸引眼球），为此要去发现具有"鹤立鸡群"那种最突出、与众不同的焦点，使之形成画面的中心。面对同一景观，每个人都会有不同的立意，甚至同一个人也会有不同的处理方式，因此就会形成不同的兴趣中心。

兴趣中心在上
选自柴海利编著的《国外建筑钢笔画技法》。

兴趣中心在下
选自柴海利编著的《国外建筑钢笔画技法》。

国道旁　作者 | 林曦
重点刻画的小木屋成了画面的趣味中心。

小溪流过　作者 | 陈方达

建筑钢笔画的基础训练 | 33

2.3 透视原理

透视原理概括起来有两点：

1. 近大远小。
2. 近实远虚。

正确的透视使画面具有很强的空间立体感，令人身临其境。

应用透视时要牢记以下几条重要规则：

1. 视平线的确立

视平线是假设面前有一条水平线，它的高度是画者眼睛与地面的垂直距离。因此，在一张画面中只有一条水平线。视平线的确立是十分关键的步骤，它决定了观察位置的高低。

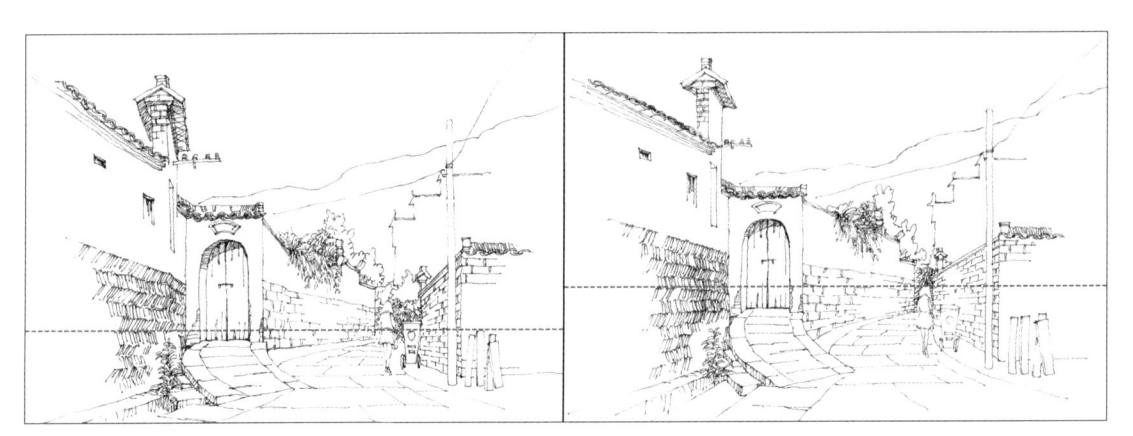

视点较低

正常视点

视点较高

2. 由透视产生的消失点一般在视平线上，但也有例外，如上坡和下坡道路的消失点就不在视平线上。

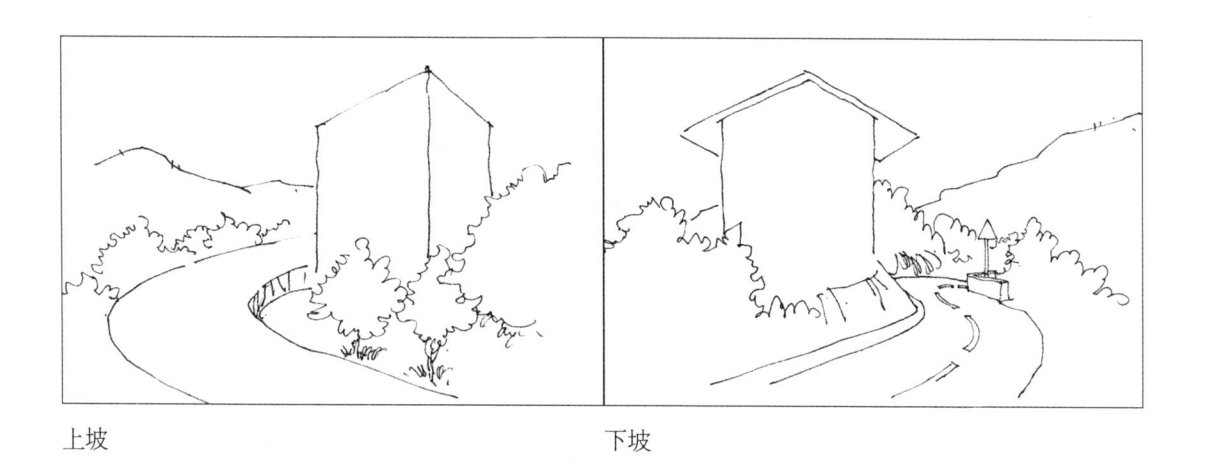

上坡　　　　　　　　　　　　　　　下坡

3. 一点透视

又称平行透视。物体的一边或一面与画面平行（与观察者平行），除了伸向远方的平行线相交于一点外，其余的都互相平行。一点透视适用于表现横向场面宽广、能显示纵向深度的建筑物空间。为避免画面呆板，视中心点不宜定在画幅的正中间。

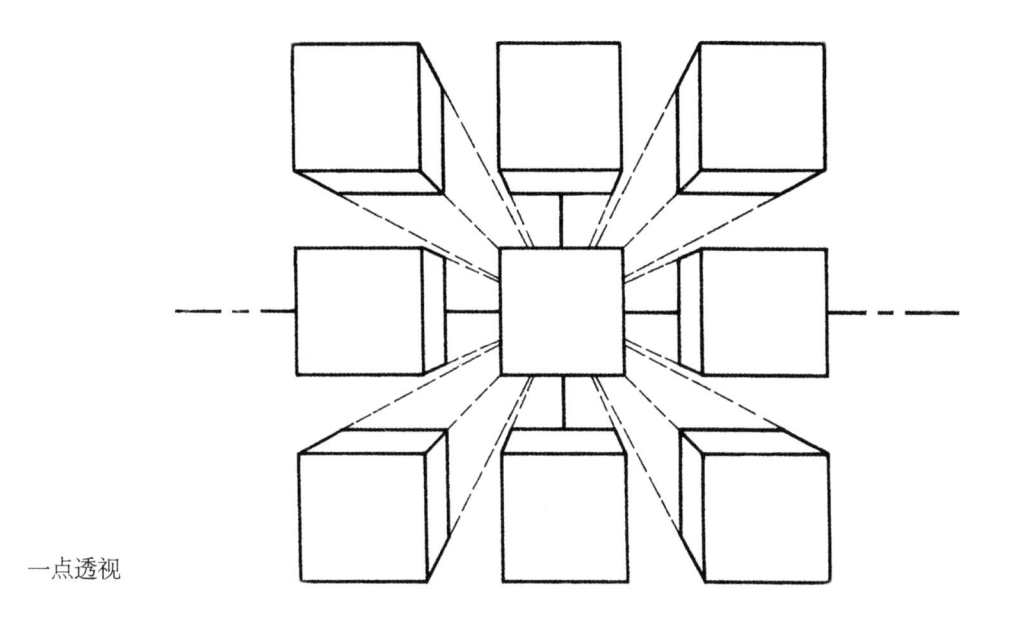

一点透视

小巷 作者｜陈方达
一点透视在这里的应用，将小巷幽深宁静的氛围表现得非常的充分。

山居 作者｜林曦

三坊七巷　作者 | 陈方达

婺源民居　作者 | 陈方达

建筑钢笔画的基础训练 | 37

4. 两点透视

两点透视又称成角透视。物体的一边或一面不与画面平行，两面的平行线各向一方相交消失，形成两个消失点。两点透视是常用的透视类型，效果较真实、自然。

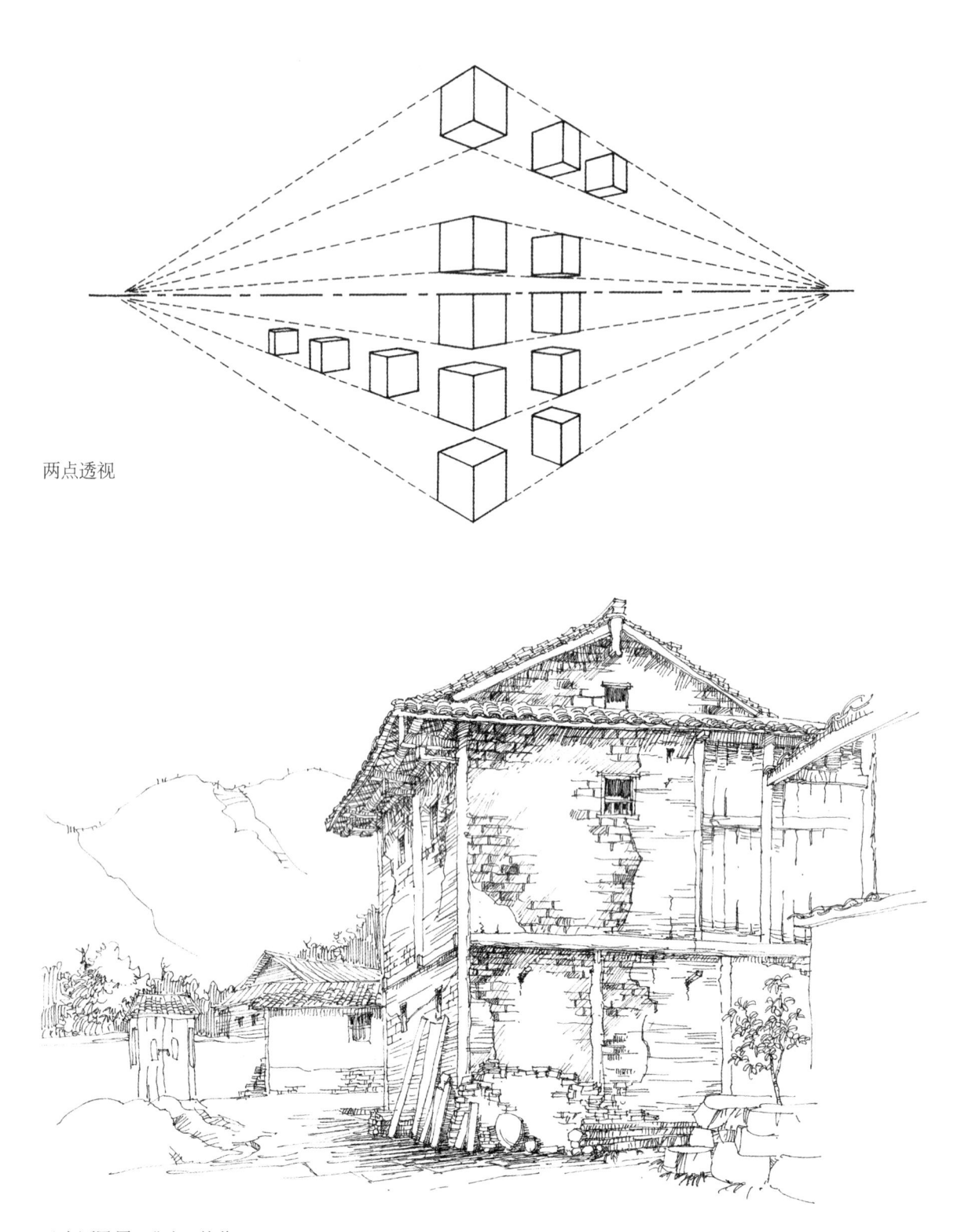

两点透视

云水谣民居　作者 | 林曦

福建人民大会堂　作者｜陈方达

福建民居　作者｜陈方达

体育馆　作者 | 陈方达

　　通过一点透视和两点透视可以总结出一条重要规律，即方体的顶面或底面越远离视平线，它的面积越大，相反就越小。与顶面或底面相应的边（一点透视中消失于消失点的边）也是越远离视平线，与视平线的成角越大，反之越小。当顶面或底面与视平线齐平时，则与视平线重合成为一条线段。

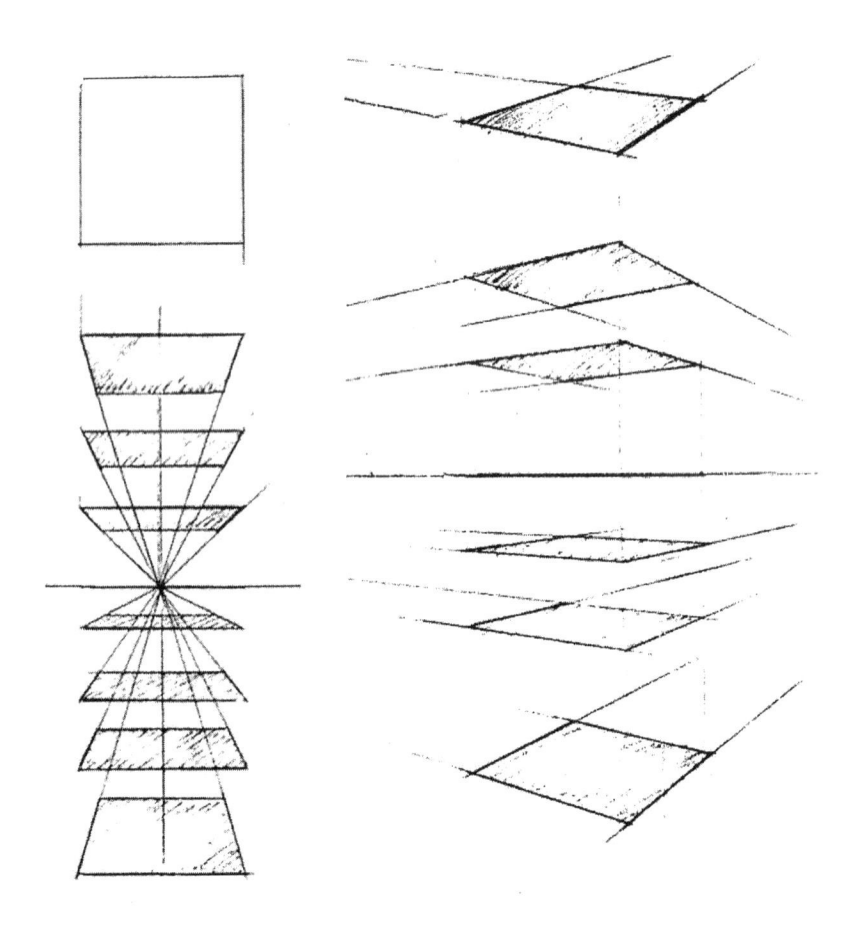

变化规律图示

40 | 建筑钢笔画技法与写生实例分析

5. 三点透视

当高大建筑物采取仰视或俯视时,原先垂直于视平线的侧边向上或向下消失,并最终相交于一点。三点透视较少使用,主要在表现超高层建筑时使用,以给人强烈的视觉感受。

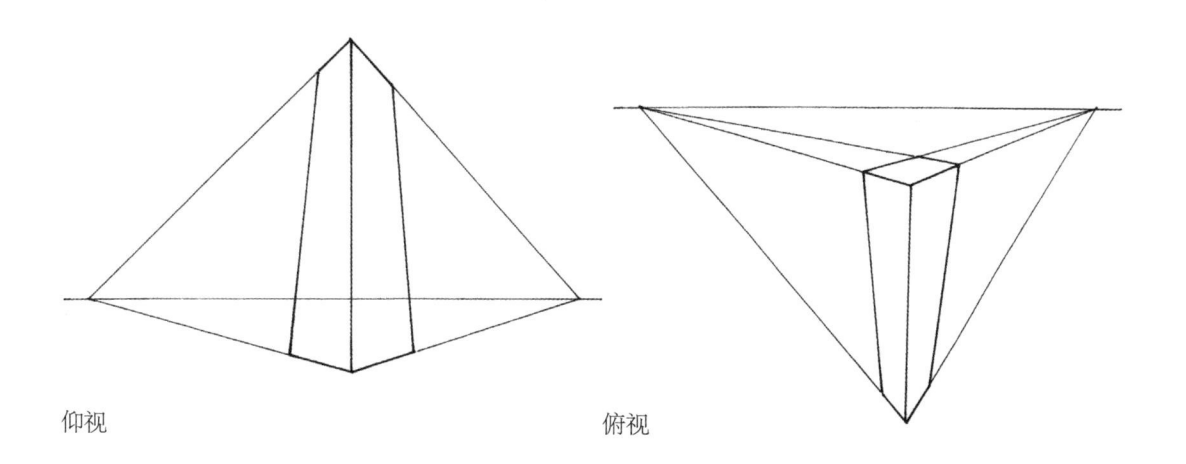

仰视　　　　　　　　　　　　　俯视

高大的现代建筑
选自柴海利编著的《国外建筑钢笔画技法》。

建筑钢笔画的基础训练 | 41

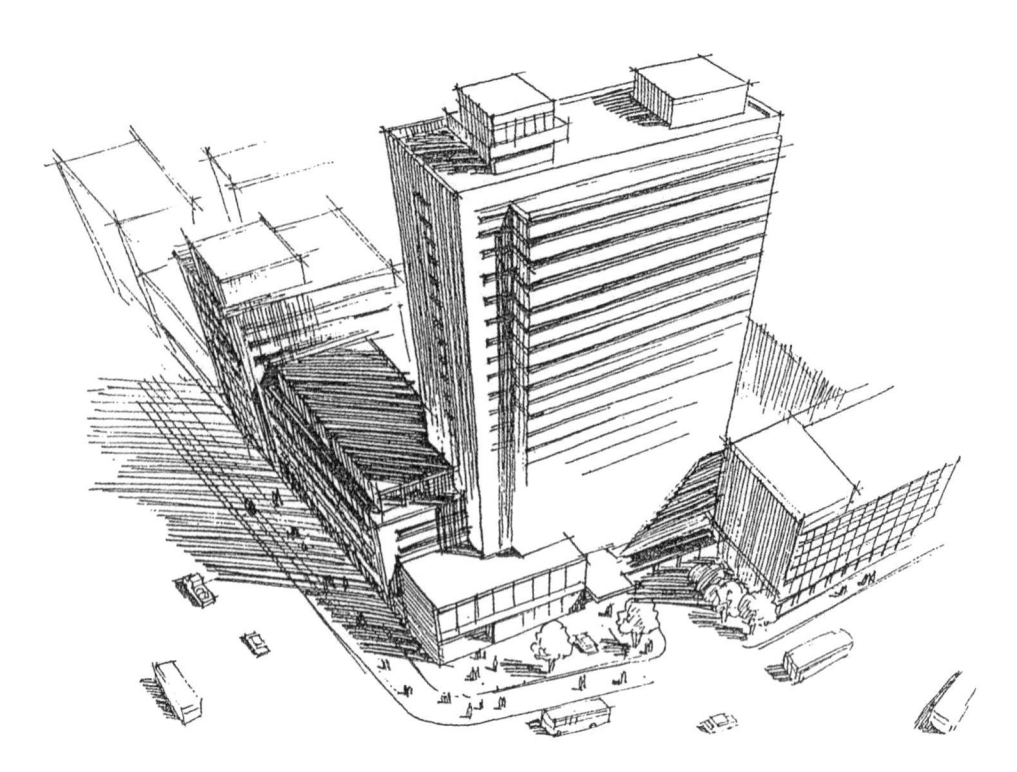

广州宾馆　作者 | 钟训正

6. 空间法则

在平面上表现深远空间时应遵循近粗远细、近大远小、近密远疏等法则。

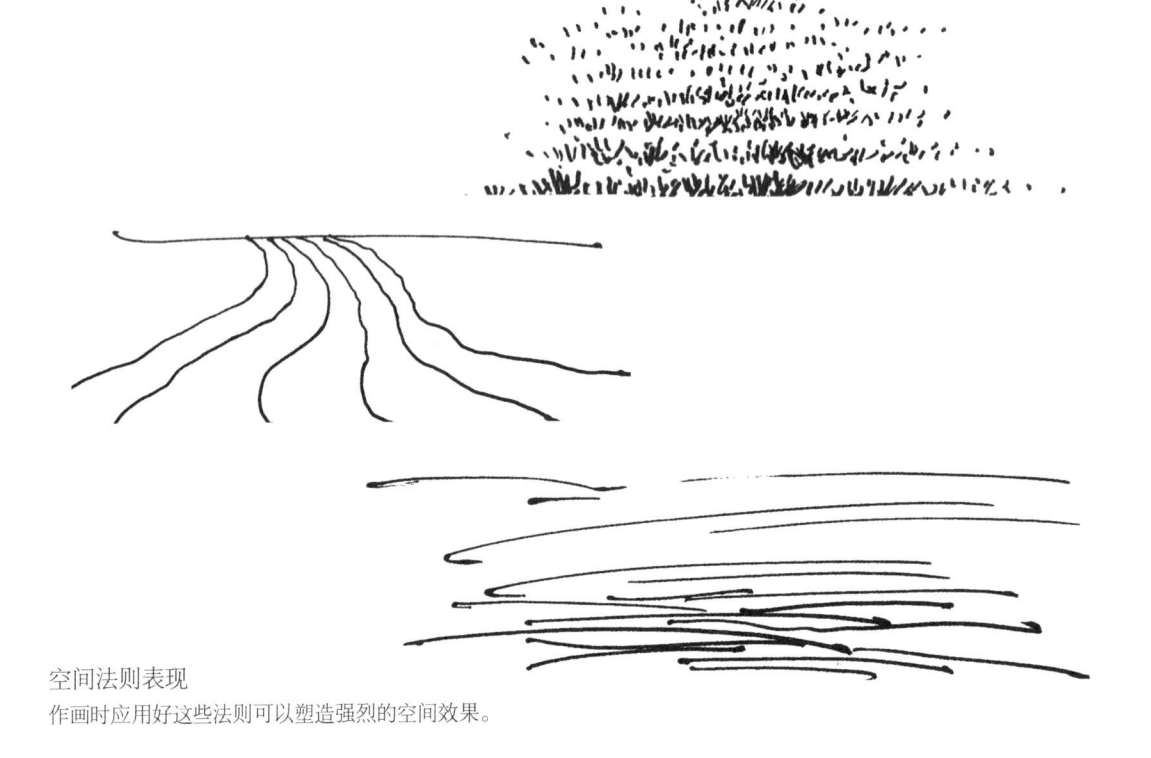

空间法则表现
作画时应用好这些法则可以塑造强烈的空间效果。

2.4 主体与配景

建筑写生所描绘的都是处于真实环境中的建筑物，因而除了主体建筑物外，还要表现建筑物所处的环境，即与建筑物协调一致的配景。一张好的建筑画不仅要注意主体的塑造，还要注意配景的刻画。配景对建筑物氛围的营造能起到画龙点睛的作用。

"艺术源于生活又高于生活"，就是说写生对象不一定很完美，经常需要进行有意识的改造，使之成为符合审美规律的作品。如现场太杂乱无章的要整理归纳，使之有秩序感，与画面无关多余的东西还要去除；环境太空、景物太少的，就要进行添加，使之丰富。增加的景观可以是周边现成的，也可以是从其他地方收集来的，总之要保证与建筑物功能等相一致。

实景

实景附近收集的景物与人物形象

建筑钢笔画的基础训练 | 43

浙江丽水石溪村　作者｜林曦
实景附近收集的景物与人物形象丰富了实景内容，增强了画面效果。

配景主要有以下几类：

1. 人物

建筑画中可适当画一些人物，一方面通过人物的大小与建筑物的比例关系建立画面的尺度，另一方面人物的服饰和形象特点也能反映地域人文特征，使画面活泼生动。但人物毕竟是建筑的陪衬，不宜画得过于深入，以免喧宾夺主。

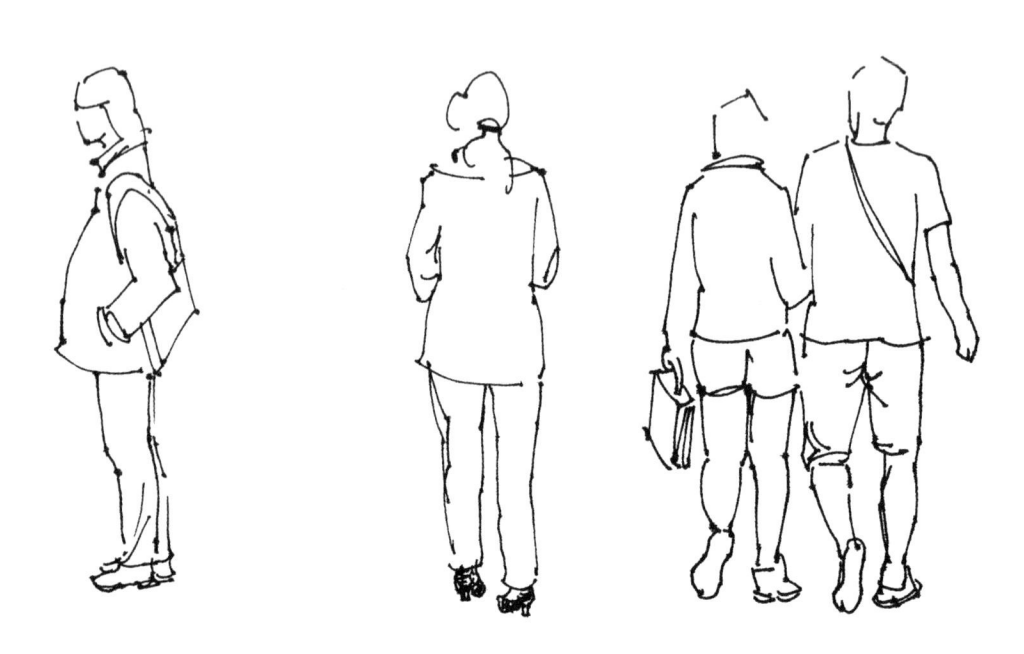

建筑钢笔画的基础训练 | 45

46 | 建筑钢笔画技法与写生实例分析

人物画法 作者 | 林曦

建筑画中的人物只要画好人体比例、简单动态即可。一般来说，人物以头部高度作为参照，身高约为头部高度的7～7.5倍。平视时人物高度与视平线等高，如果仰视或俯视则有不同的变化。当然由于个体身高差异，人物高度可在视平线上下浮动。近处人物画得大些，远处人物画得小些。但不管人物的远近，都不宜把五官、服饰细节等像画肖像一样深入，也不要表现过分夸张的动作。

小巷　作者｜林曦
人物使画面具有了生活气息。

2. 交通工具

交通工具五花八门，画什么类型的车辆要考虑建筑环境特征，如市区街道表现公交车、轿车等，农村则可出现马车、拖拉机等。交通工具类型特征能使建筑环境氛围更加突出。

表现交通工具要处理好与建筑物的远近和比例关系，还要画好与建筑物相一致的透视关系。平时要注意观察，做一些速写练习，以熟悉各种类型的车辆造型。

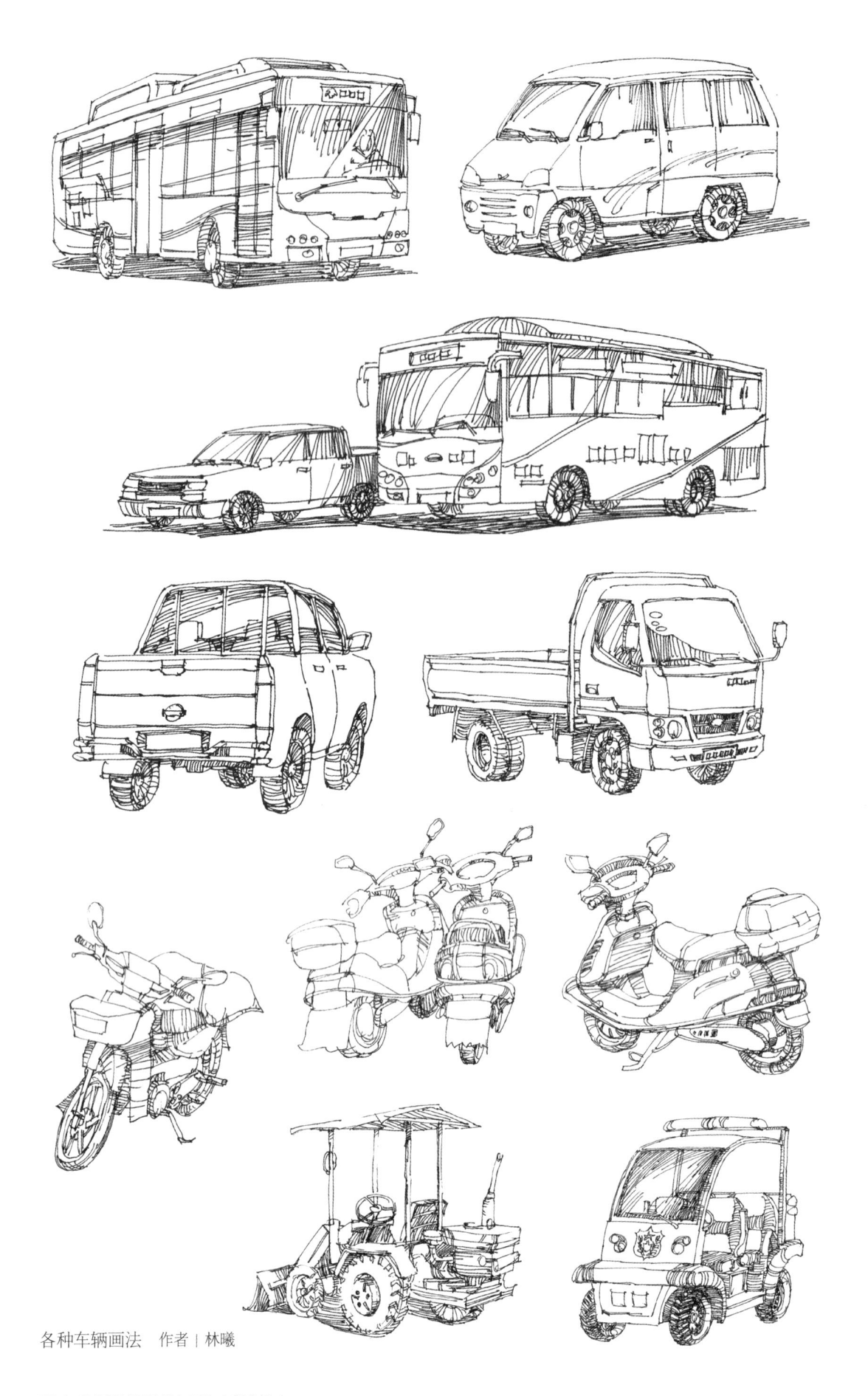

各种车辆画法　作者 | 林曦

立交桥下　作者 | 林曦

路口　作者 | 林曦

桥头花店　作者｜林曦

3. 植物

植物也是建筑画中经常出现的景观之一，画好植物能营造真实的环境。

当然植物仍是建筑物的配景，不一定表现出植物精确的物种属性，仅表现出植物的大体特征即可。

要学会表现以下几种植物：① 阔叶植物，如棕榈树、芭蕉树、蒲葵等；② 小叶植物，如柳树、竹子等；③ 针叶类植物，如松树等；④ 仅有枝干的树。

画有叶子的树，要注意统一光影下的体积表现，理解圆球状形式特征，把复杂的树木概括为简单的几何形体来理解体积。

树的体积及表现
选自柴海利编著的《国外建筑钢笔画技法》。

建筑钢笔画的基础训练 | 53

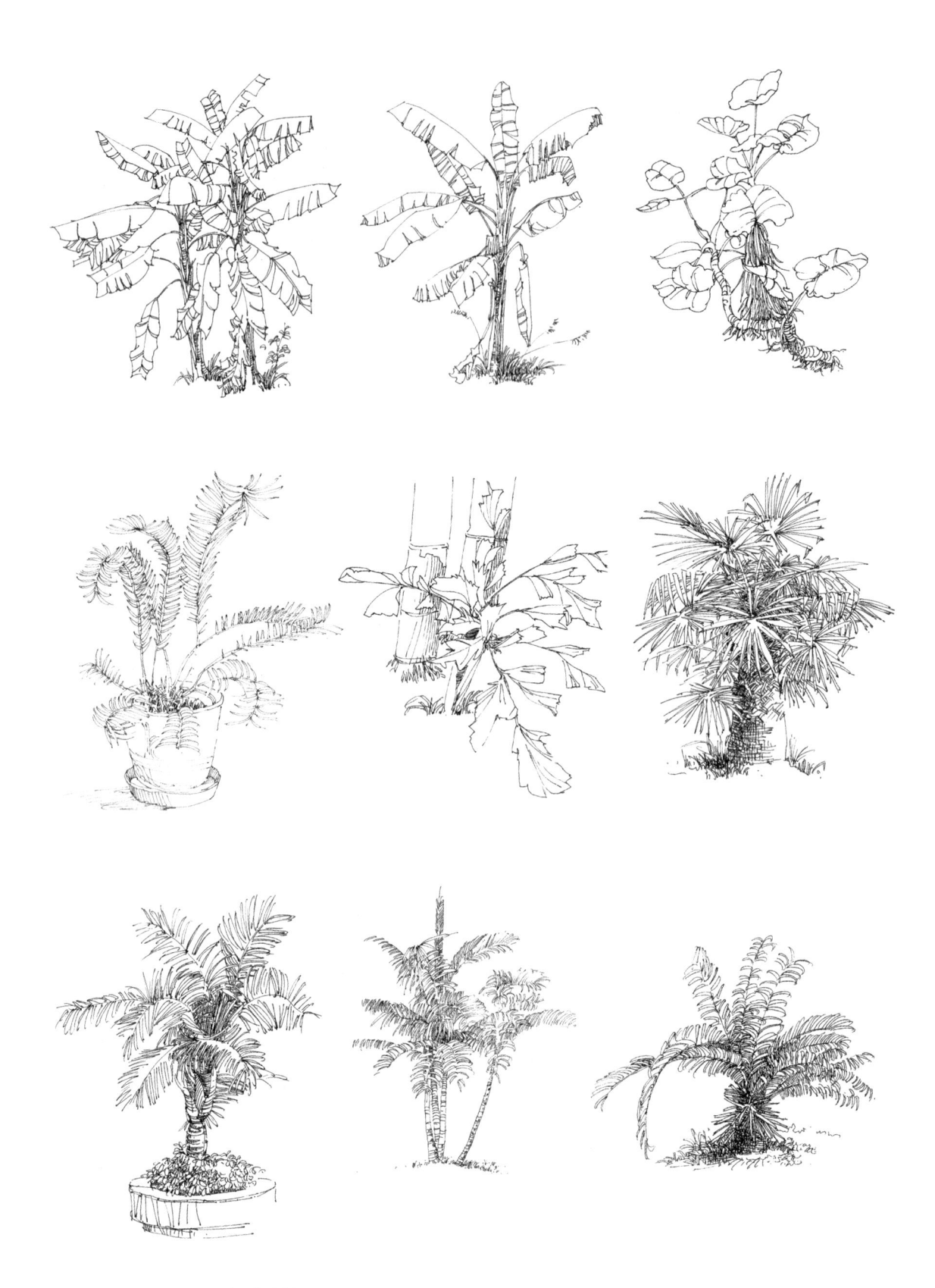

阔叶植物要注意观察叶子的前后、左右的方向变化，才能表现出其生动的生长关系。

阔叶植物画法 作者|林曦 陈方达

小叶植物要统一光影的方向，表现叶子的疏密、浓淡、远近、虚实关系。

建筑钢笔画的基础训练 | 55

56 | 建筑钢笔画技法与写生实例分析

小叶植物画法　作者｜林曦　陈方达

山里人家　作者｜林曦

建筑钢笔画的基础训练 | 57

山里初夏　作者 | 林曦

针叶类要注意植物整体形状特征和体积关系。

针叶植物画法　作者 | 林曦

画枝干要观察上细下粗的植物生理特征，枝干互相交叉、前后出枝。有的树干笔直，有的弯曲环绕，有的光滑，有的粗糙，用笔时要根据不同特征来表现。

植物枝干画法　作者 | 林曦

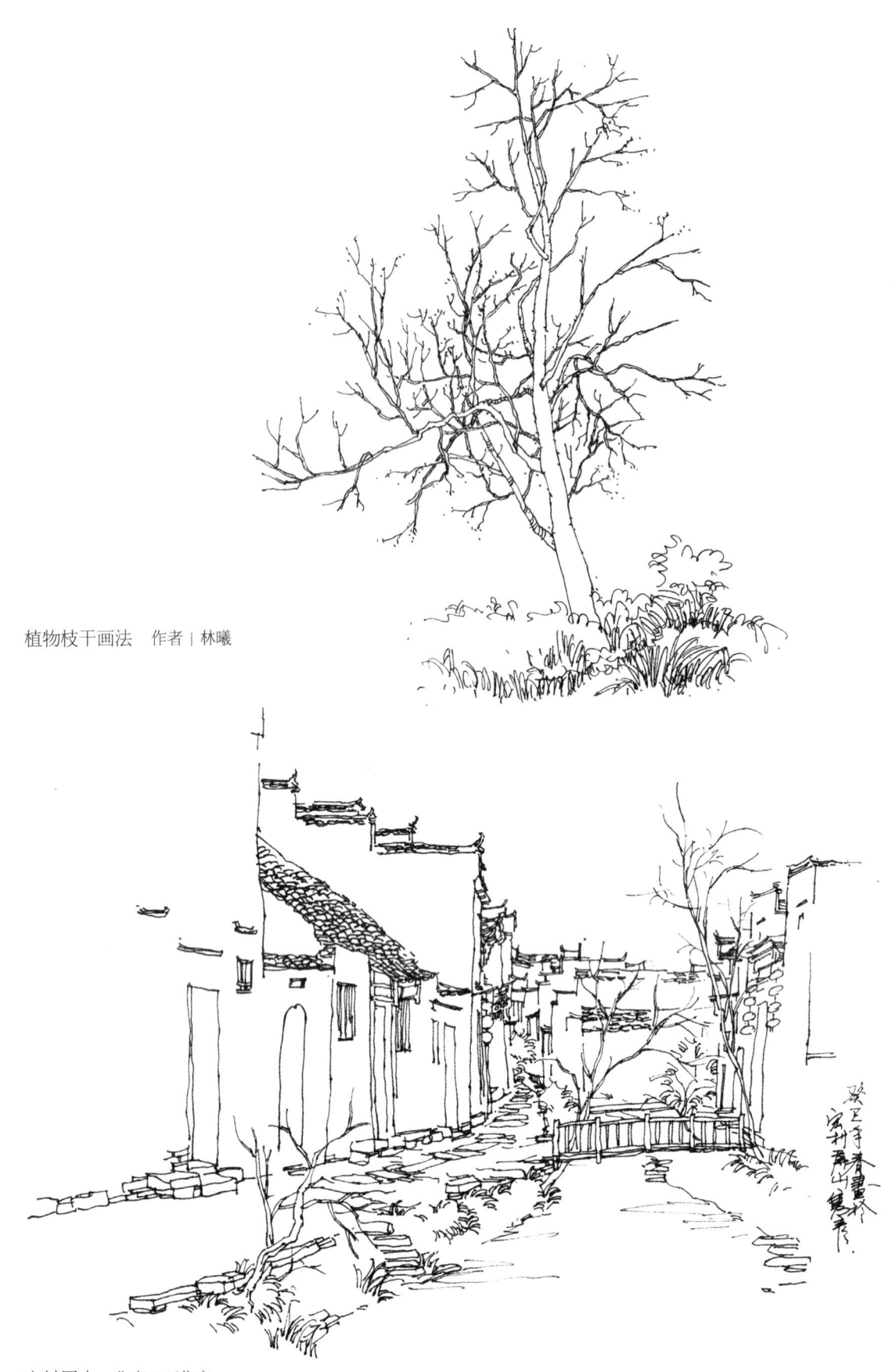

宏村屏山　作者 | 王隽彦

表现树丛、草丛时要注意不同植物的画法及前后关系，用调子或用疏密手法互相衬托，使之虚实相生。

树丛、草丛画法　作者 | 林曦

福州民居　作者 | 陈方达

婺源民居　作者 | 陈方达

4. 水景

水景是临水建筑常见配景。水面使建筑如镜子般在水中产生倒影。倒影与实景不是完全对称的，由于透视原因会产生不同的形象变化。另外水面有涟漪产生波纹，使水中倒影晃动不实。倒影越远离岸边，明暗对比越弱，层次越简单，形象越虚幻。

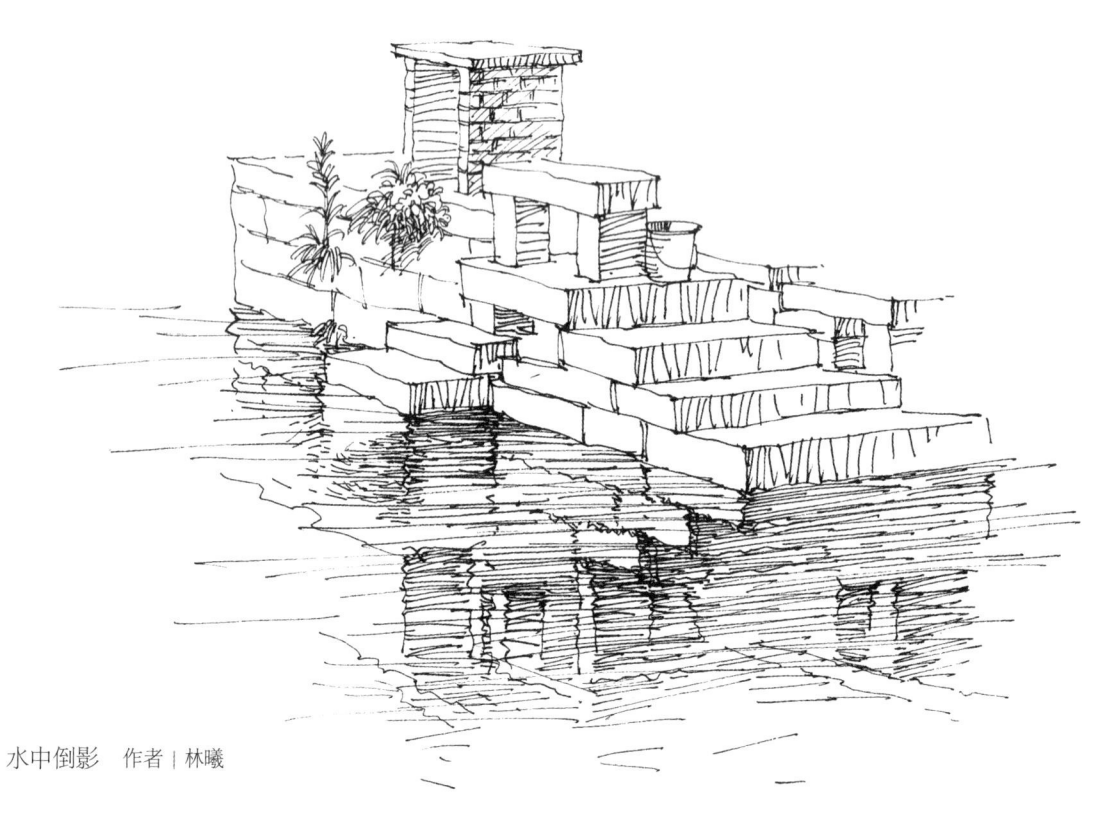

水中倒影　作者 | 林曦

62 | 建筑钢笔画技法与写生实例分析

近水楼台　作者 | 林曦

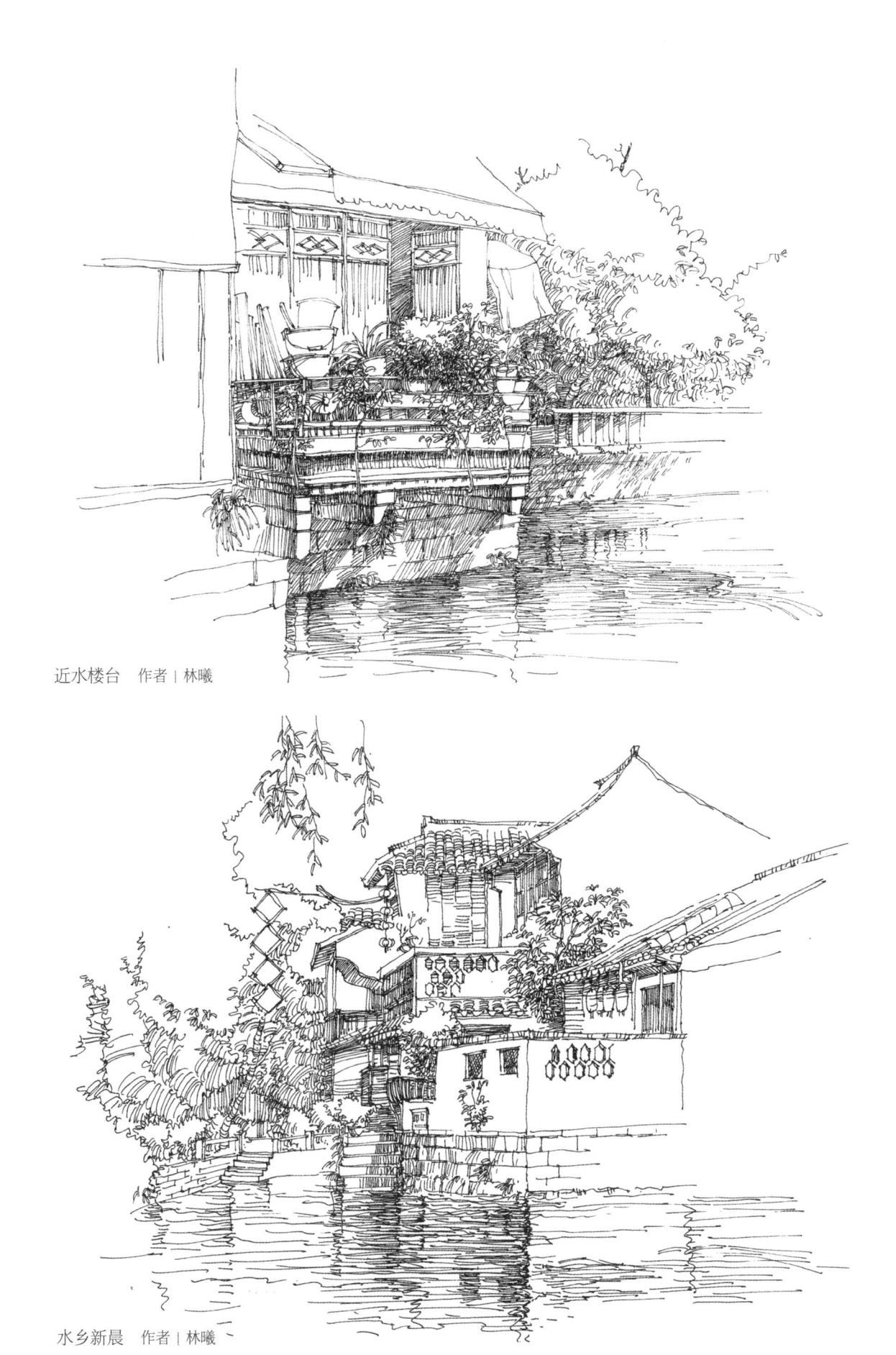

水乡新晨　作者 | 林曦

水乡石桥　作者 | 陈方达

5. 道路

平路处于视平线之下。很多初学者经常把路面画得又长又陡，其原因是没画准路面透视，把道路画于视平线之上，就像上坡路一样。因此，画平路一定要先明确视平线位置，把消失点定在视平线上。还有各种道路都是用于行人的，不要把路面画为坑坑洼洼、乱石丛生的状态。石板路的接缝应尽量严实些，但也要符合透视关系。

64 | 建筑钢笔画技法与写生实例分析

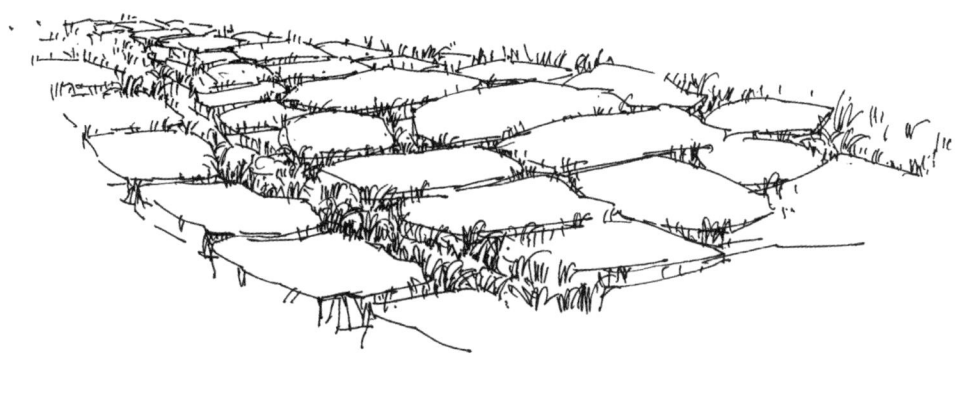

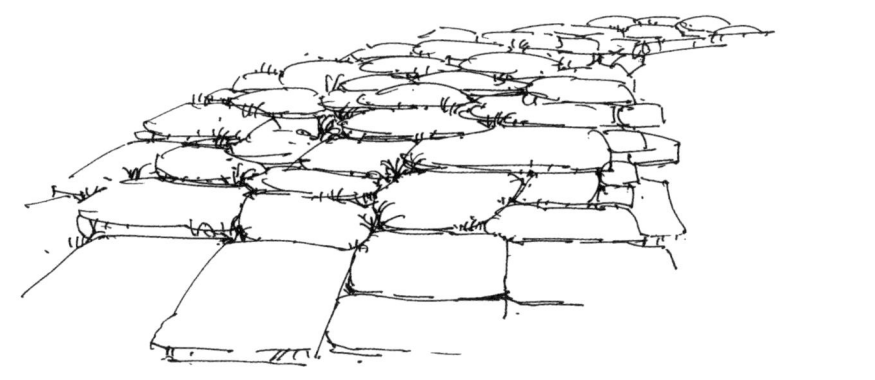

各种道路画法　作者 | 林曦

入村小径　作者 | 林曦
石板路的衔接、透视及虚实关系。

丽水民居　作者 | 林曦
下坡路表现。

烟台山　作者｜林曦
上坡路表现。

徽州宏村　作者｜陈方达
上坡路面的表现。

徽州南屏　作者 | 陈方达
不同石材铺地的表现。

西递小巷　作者 | 林曦
石板路的接缝平整且紧密。

6. 天空

建筑钢笔画的天空处理较为简单,甚至经常留白不画。画天空大都为了均衡画面需要,大致勾勒云彩轮廓即可。

福建工程学院文化传播系大楼　作者｜林曦
斜向云彩轮廓与纵向楼房的节奏变化。

7. 墙体

画墙体一方面要画准透视关系,另一方面要处理好墙根与地面的关系,不要画得界限分明而显得呆板、生硬,可画些小草过渡。如果是石头墙,还要注意石块的形状及厚度。

不同墙体表现技法　作者｜林曦

丽水民居　作者 | 林曦

丽水民居　作者 | 林曦

福建桂峰村　作者 | 陈方达

南京明孝陵　作者 | 陈方达

建筑钢笔画的基础训练 | 71

8. 窗户、门

表现窗户要认真观察光影变化，用光影对比表现空间立体感，也就是要利用好强烈的明暗反差。有时明暗关系不明确，可以进行艺术加工，强化、突出它的明暗关系。把握好玻璃上的反光、投影等就能准确表达玻璃质感。

窗户画法　作者｜林曦

表现门同样要观察光影变化，用光影对比表现空间立体感。对门上的春联、门的材质等的细节刻画可以丰富表现力，增加趣味性。砖墙的表现一要注意透视变化，另外要注意疏密的安排，不要画得密密麻麻的。

门的表现　作者 | 林曦

西递古巷　作者 | 林曦

岭上人家　作者 | 林曦

苍霞洲安乐铺　作者 | 王隽彦

徽州民居　作者｜陈方达

下杭朝晖弄　作者｜王隽彦

徽州南屏　作者 | 陈方达

校园　作者 | 陈方达

9. 瓦片画法

画瓦片首先要观察、分析、理解瓦片的结构及透视变化，一凹一凸的错开咬合摆置自然形成流水槽，有时上面还压着砖块或有采光玻璃。描绘瓦片要避免画得太满太整齐，或太散太零碎，强调整体感，要注意虚实、疏密的变化，以及正面与背面的不同。

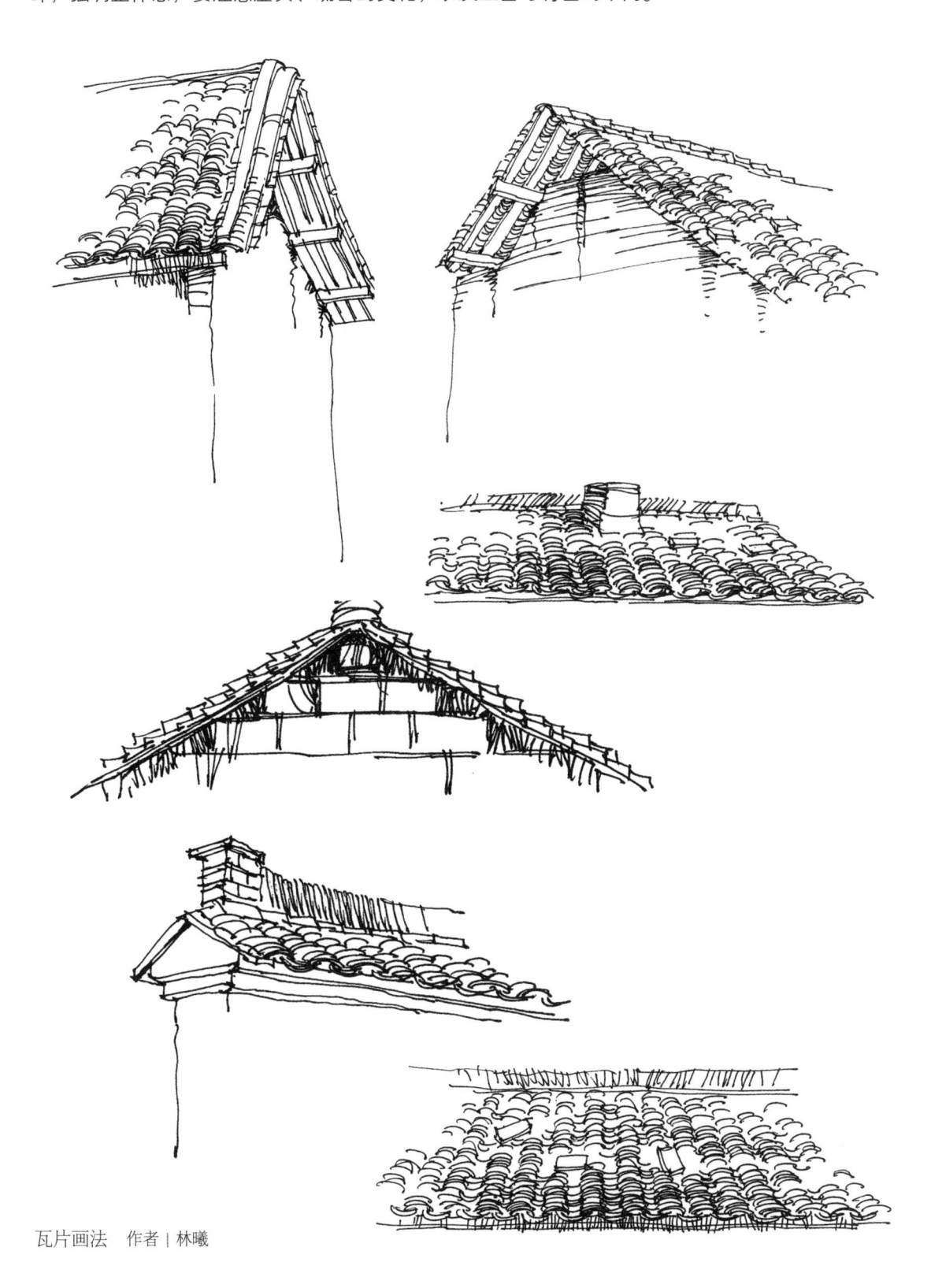

瓦片画法　作者 | 林曦

丽水民居　作者｜林曦

10. 公园景观

现在的公园设施完善，景观讲究，具有实用与美观的双重性。收集这些漂亮的景观设施不仅可以训练钢笔画技巧，还能为今后的设计提供参考和激发创作灵感。

建筑钢笔画的基础训练 | 79

公园景观　作者 | 林曦

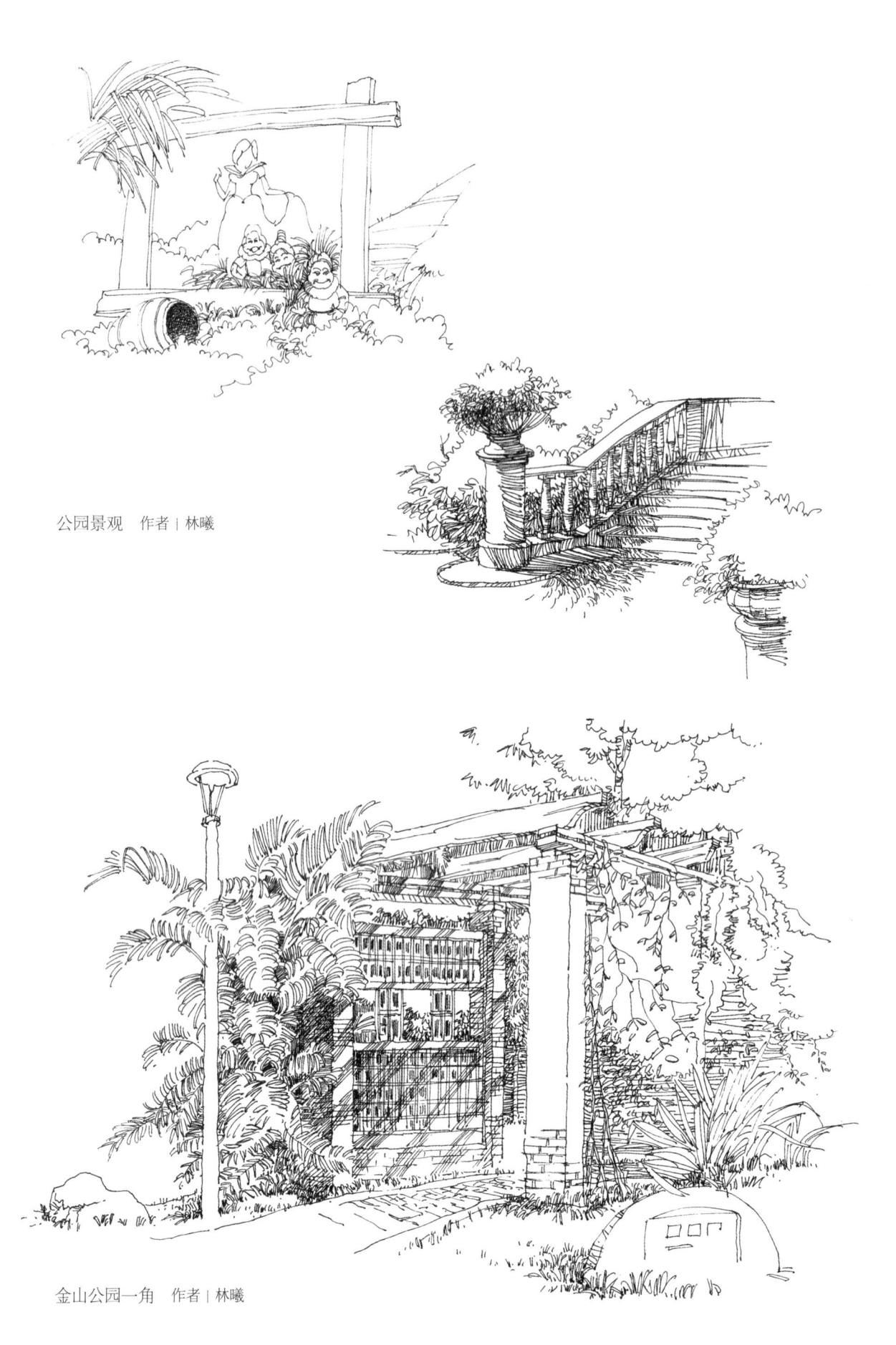

金山公园一角　作者 | 林曦

80 | 建筑钢笔画技法与写生实例分析

11. 乡村常见配景

乡村较城市建筑显得古朴，是建筑写生实习常去的地方。乡村常见配景富有特色，大到水车、泥巴墙，小到水缸、箩筐等农作用具，都极具生活气息。通过细致观察，概括表现这些形象特征，能使环境真实感人，具有浓郁的乡土风情。

82 | 建筑钢笔画技法与写生实例分析

乡村常见配景　作者 | 林曦

建筑钢笔画的基础训练 | 83

岵山民宅　作者丨林曦

村口　作者丨陈方达

皖南民居　作者｜林曦

农家小院　作者｜林曦

校园　作者 | 陈方达

小院　作者 | 陈方达

思考题

1. 映入眼帘的景物都可入画吗？如何取舍移景才能使作品更有吸引力？
2. 透视形成的原理、规律以及在实践中如何正确运用？
3. 构图有何规律可循，如何运用这些美的规律进行写生创作？
4. 前景、中景与远景的组合对画面的重要性及如何灵活应用？
5. 对景物要"知其然更要知其所以然"是怎么理解的？
6. 每幅作品都有相应的兴趣中心吗？有何办法能使兴趣中心富有情趣与变化？

3 建筑钢笔画的训练方法

学习建筑钢笔画首先学习态度要严谨，不能急于求成，不要被他人熟练潇洒的用笔所诱惑，要一步一步打好扎实的基础。学习过程中除了勤奋和努力之外，更重要的是要勤于思考总结，接受科学正规的训练指导以免走弯路。根据一定的程序步骤制定有效的训练方法，掌握正确的学习方法。

学习的方法最好是有一个由浅入深、由简单到复杂的递进过程。练习时可循序渐进分三步进行：首先从临摹优秀作品练习开始，临摹优秀作品对于初学者来说是非常重要的一种学习方式，通过对优秀钢笔画作品的临摹能够充分学习别人的表现技法和画面处理方式，积累经验；然后是根据图片描摹过渡到对图描绘练习；最后是真实场景写生的练习，表现的手法也应从慢画（要求物体结构严谨，明暗关系明确，画面表现深入）到速写（物体结构简洁明了，空间特征概括明显）。

3.1 临摹

临摹是学习建筑钢笔画过程中最常见同时也是必不可少的一种训练方法。通过临摹可以借鉴与吸纳有价值易掌握的表现技法，以及处理画面的技巧和经验。但在临摹过程中，千万不可盲目地为了临摹而临摹。要训练分析、总结和动手能力，从中学习提高掌握它们成型的规律性的表现技法。

3.2 对图速写

对图描绘是学习建筑画较为常见的一种方法。首先要选择图面结构明显、光影关系合理(一般指正面光,而不是逆光)的照片,这是非常重要的,在描绘过程中,不能埋头不假思考地进行描绘,而是要采取概括、取舍的艺术手法主观地处理空间中的每一个物体,同时要始终注意画面的主次关系、虚实对比,以及画面的整体性。

描绘图片是从图片到场景写生的一个过渡环节。通过描绘图片,能够培养学生观察和分析的能力、艺术的概括能力,整体地把握画面的能力和尺度平衡能力。同时,还可以促进学生对建筑设计作品比较全面、细致、深入地分析与学习,加深记忆。

在该过程中,除了选择合适图片作为描绘的内容外,还要选择适合自己学习风格的优秀作品进行模仿借鉴、要注意对优秀作品进行分析总结。将模仿、借鉴他人画风转化为最终自创、原创的独特风格,这也是学习建筑钢笔画的重要环节。通过该阶段的练习,使学生更能主动地把握画面。

浙江西塘实景照片

浙江西塘　作者｜陈方达
实景中水中的倒影清晰明了，但在表现时只用简单的几根线条来表现，使主体重点突出。另外对图片中前景的树叶也做了大胆的舍弃，树木的位置与形状也做了必要的调整。

福建民居实景照片

福建民居　作者 | 陈方达

无论是对图速写，还是实景写生，取舍都是非常重要的。千万不能依样画葫芦，见什么画什么，以上画面描绘的内容和实景相比就会发现在很多地方都做了必要的调整。使画面重点更突出，构图更合理。

3.3　实景写生

　　写生的内容十分广泛，包括建筑造型、结构、空间、材质、光影、环境等诸多方面，通过写生可以培养学生对客观对象的正确观察，对建筑的直觉感知。增强立体空间意识，提高个人的艺术修养，同时，可以锻炼学生组织画面的能力、概括表现的能力和形象记忆的能力。从建筑写生到建筑画的创作，既是在研究建筑和环境的关系，同时也是研究、掌握自然界的变化规律，以及建筑物在特定瞬间环境下的变化规律，为后续建筑画的创作积累更多的视觉符号和素材。建筑画是建筑设计师在设计方案过程中，以绘画的形式将头脑中的构想予以形象化的表达。建筑写生是培养审美能力和建筑画表现能力不可或缺的一种手段。

　　我们通过写生不但可以收集素材、积累形象资料，还可以练就丰富的空间想象能力；通过写生可以提高创作思维能力和绘画语言的表现能力，以及对画面整体效果的把握和处理能力；通过写生还可以锻炼敏锐的观察能力和形象记忆能力，使之在建筑创作过程中，能够运用各种表现技能恰当地表达建筑设计理念。

　　学习建筑钢笔画绝非一朝一夕之功。一定要有长期坚持的思想准备，在学习中努力钻研，勤于思考，不断总结经验，寻找到具体的规律，只有这样，经过长期的学习和积累，就一定能够画好建筑钢笔画。

婺源沱川实景照片

婺源沱川　作者 | 陈方达
这是一处平常的景，实景中内容略显单调。在描绘的过程中对门框、石板路、电线杆、石头台阶等细节做了重点的刻画，使画面疏密有度，虚实得当。平常的景物也可以画成一幅精彩的钢笔建筑画。

浙江丽水实景照片

浙江丽水　作者 | 陈方达
注重大的建筑透视关系的把握，有选择地进行细部的描绘和刻画，使得画面整体感强，简繁适宜，张弛有度，重点突出。

建筑钢笔画的训练方法 | 93

福建工程学院建筑与城乡规划学院逸夫楼实景照片

福建工程学院建筑与城乡规划学院逸夫楼　作者 | 林曦
取舍造景能使建筑形象更鲜明丰富。

村路弯弯实景照片

村路弯弯　作者 | 林曦
扩大重点区域面积，缩小前景配景空间使画面主次分明。

建筑钢笔画的训练方法 | 95

婺源民居实景照片

婺源民居　作者｜陈方达
将实景的图像元素进行提炼和调整，经过线条的疏密变化处理，使画面中丰富的内容能够有机地组合在一起，并具有强烈的节奏变化。

思考题

1. 为什么说学习建筑钢笔画不能急于求成，而要通过不同的方法循序渐进的练习？
2. 临摹、对图速写和实景写生各有什么特点？
3. 为什么建筑风景写生不能原样照搬实景，见什么画什么？

4 建筑钢笔画的表现形式

钢笔画通过线条的合理组织来表现物象，不同的线条组织形式能形成不同的表现形式与风格特征。常见的表现形式有线描表现形式、明暗表现形式和综合表现形式三种。

4.1 线描表现形式

线描表现形式是利用线条的多样变化清晰地表现建筑的结构、比例、材质等。这种表现形式要求作画者摆脱光影的干扰，适当排除对象的明暗关系，在对物象认真观察、理解的基础上，利用线条多样的表现力进行组织安排，表达建筑的主次、空间等关系。这种表现形式有一定的难度，不仅要概括、提炼线条，还要使画面充实而不空洞。它对建筑形体结构特征的认识很有帮助。

永泰嵩口民居　作者 | 林曦

婺源沱川　作者 | 陈方达

建筑钢笔画的表现形式 | 99

宏村　作者｜陈方达

浙江西塘　作者｜陈方达

婺源沱川　作者 | 陈方达
用线条来塑造型体是建筑钢笔画最基本的表现形式，线条经过疏密、长短、曲直的变化以及运笔快慢和轻重的变化可以创造出丰富多变的艺术效果。

江西婺源　作者 | 陈方达

建筑钢笔画的表现形式 | 101

婺源小李村　作者 | 陈方达

婺源江湾　作者 | 陈方达

福建民居　作者｜陈方达

4.2　明暗表现形式

明暗表现形式即应用线条排列组成不同的明暗面来表现对象丰富的调子变化。要求作画者对物象认真观察、理解，根据光影的影响作用，真实再现对象的丰富层次。这种表现形式能使建筑形象明确，重点突出，空间、体积、材质感强。

又一夏　作者｜林曦

闽西乡村　作者｜陈方达

闽西　作者｜陈方达

小巷　作者|陈方达

4.3　综合表现风格

　　钢笔综合表现方法是指将线描和明暗表现结合起来的一种方法。一般在线描画法的基础上，在建筑的主要结构转折或明暗交界处有选择地、概括性地加上简单的明暗关系。强化明暗的对比关系，省略中间的明暗层次，强调重点物体的空间关系，同时又保留了线条的韵味，突出了画面的主题，具有较大的灵活性和自由性。画面既有线描画法的流畅性又有明暗画法的体块厚重感，黑白布局精练概括，重点突出，增强了画面的艺术表现力，使画面的效果更加丰富，作品有很强的视觉冲击力和整体感。

徽州西递村　作者｜陈方达

闽西　作者｜陈方达

廊桥遗梦　作者 | 林曦

丽水民居　作者 | 陈方达

建筑钢笔画的表现形式 | 107

婺源民居　作者｜陈方达

丽水保定村　作者｜陈方达

丽水中溪村　作者｜陈方达

永泰嵩口　作者｜陈方达

建筑钢笔画的表现形式 | 109

福建长乐民居　作者｜陈方达

徽州宏村　作者｜陈方达

思考题

1. 建筑钢笔画有哪些表现形式？有何区别与相似之处？
2. 结构与明暗有关系吗？如何处理好它们之间的关系？
3. 面对大千世界的纷繁复杂，如何进行艺术的概括？

5 建筑钢笔画写生实例分析

建筑钢笔画主要有线描表现、明暗表现和综合表现三种形式。但不管采用哪种表现形式，首先都要进行取景、选角度，认真分析、理解对象的结构、透视、比例等形象特征，选择适当的表现形式并画好小构图，做到心中有数，切勿盲目动笔。

5.1 建筑钢笔画线描表现写生实例与步骤

苏州平江路 步骤图（一）
在缜密观察、思考的基础上，明确视平线位置并用铅笔勾勒大体形象。铅笔稿不宜画得很细致，只需勾出主要透视、大的形体位置即可。

苏州平江路 步骤图（二）
从兴趣中心入手，逐渐向周围扩展。

苏州平江路 步骤图（三）
如有重叠形象，先画前景后画被遮挡对象。

苏州平江路 步骤图（四）
注意线条的变化，画面的疏密关系。

苏州平江路 步骤图（五）
线条要概括，能清晰表现对象的透视、形体结构、材质特征。

苏州平江路 完成图　作者｜林曦
时刻把握整体关系，注意突出兴趣中心，力使画面具有丰富的层次变化，并营造好与建筑环境恰当的气氛。

5.2 建筑钢笔画明暗表现写生实例与步骤

晌午　步骤图（一）
明确视平线位置，用铅笔清淡描绘构图方位、透视、大体结构特征。

建筑钢笔画写生实例分析　｜　115

晌午　步骤图（二）
从兴趣中心着手，定下明暗基调。暗部调子不宜一次画得太重，应留有加深空间，注意建筑材质塑造。

晌午　步骤图（三）
从兴趣中心向外延伸，注意调子的层次过渡。

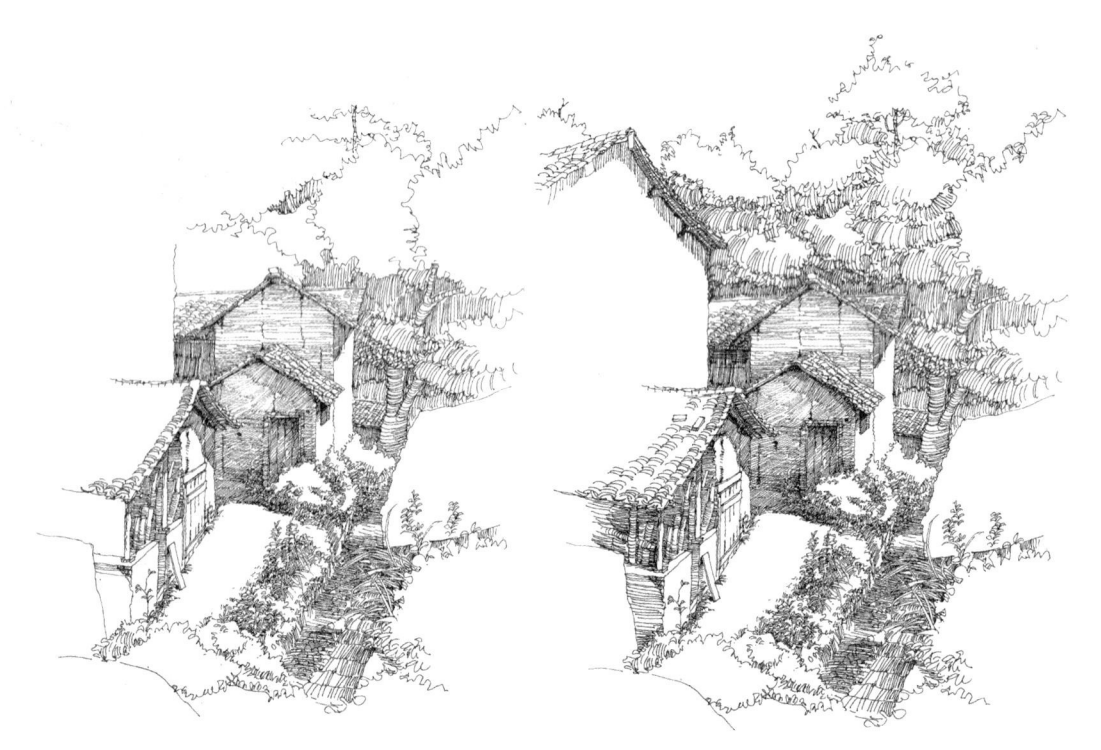

晌午　步骤图（四）
注意前景、中景、远景的调子变化。

晌午　步骤图（五）
注意画面铺开的顺序与衔接，整体统领局部。

响午　步骤图（六）
利用对比关系，初步完成画面。

响午　完成图　作者 | 林曦
对画面进行微调，处理好兴趣中心与配景的关系。

建筑钢笔画写生实例分析 | 117

5.3 建筑钢笔画综合表现写生实例与步骤

婺源民居实景照片

婺源民居 步骤图（一）
首先，把大的构图和比例关系确定下来，打稿的轮廓线下笔要肯定、果断，不要犹豫不决、模棱两可。

婺源民居　步骤图（二）
进一步将建筑物中的具体结构和需要表现的内容明确下来，始终要注意画面的整体关系。

婺源民居　步骤图（三）
逐步深入，把画面中最重要的建筑部分先适度地突出表现，为后面的深入刻画做好铺垫。

婺源民居　步骤图（四）
更进一步的深入，并把柔软的草和墙体砖块的不同质感和肌理效果表现出来。

婺源民居　步骤图（五）
在深入刻画的同时，始终注意整体的画面关系，做到收放自然，张弛有度。

婺源民居　完成图　作者 | 陈方达

思考题

1. 建筑钢笔画如何处理好整体与局部的关系？
2. 如何营造与建筑环境恰当的氛围？

6 建筑钢笔画作品欣赏

林曦作品

作者注重对所描绘建筑景观的分析、理解，按美的形式进行取舍移景处理，强调兴趣中心与其他景物的虚实对比，注意环境氛围的营造，画面黑、白、灰层次丰富，材质表现准确，空间体积感强，充分显示出钢笔画流畅概括且富有韵律感的特点。

台江万达广场　作者｜林曦

水乡日出 作者 | 林曦

云水谣民居 作者｜林曦

村口老宅 作者 | 林曦

故园 作者｜林曦

黄东海作品

　　作者具有扎实的形象塑造能力，表现在准确的透视运用、娴熟的钢笔画技法、对整体的把握等方面。作品中巧妙地利用结构线组成疏密对比，使物象虚实对比强烈。线条多样的组合排列不仅使画面具有了深远的立体感，还具有了一种和谐安宁的意境。

闽江船屋　作者｜黄东海

婺源 作者 | 黄东海

孙群作品

　　作者擅长用钢笔来表现明暗调子，这种画法要求在多层排线后线条仍然不模糊、不杂乱，在线与线的空隙间保留微小均匀的空白，这种方法适合于深入刻画建筑细部，表现建筑的质感和肌理效果。

鼓浪屿　　作者 | 孙群

乡道　作者 | 孙群

王隽彦作品

作者借鉴了中国画"留白"的表现方法，熟练驾驭钢笔画线条的运用，表现手法概括简洁，画面虚实相间，给读者留有想象的空间。

屏山　作者 | 王隽彦

西递村　作者 | 王隽彦

陈新生作品

　　作者运用钢笔来表现各类建筑形象得心应手，驾轻就熟，对线条的运用豪放潇洒，色彩的组织娴熟而又大气。每一幅作品都给读者留下了深刻的印象。

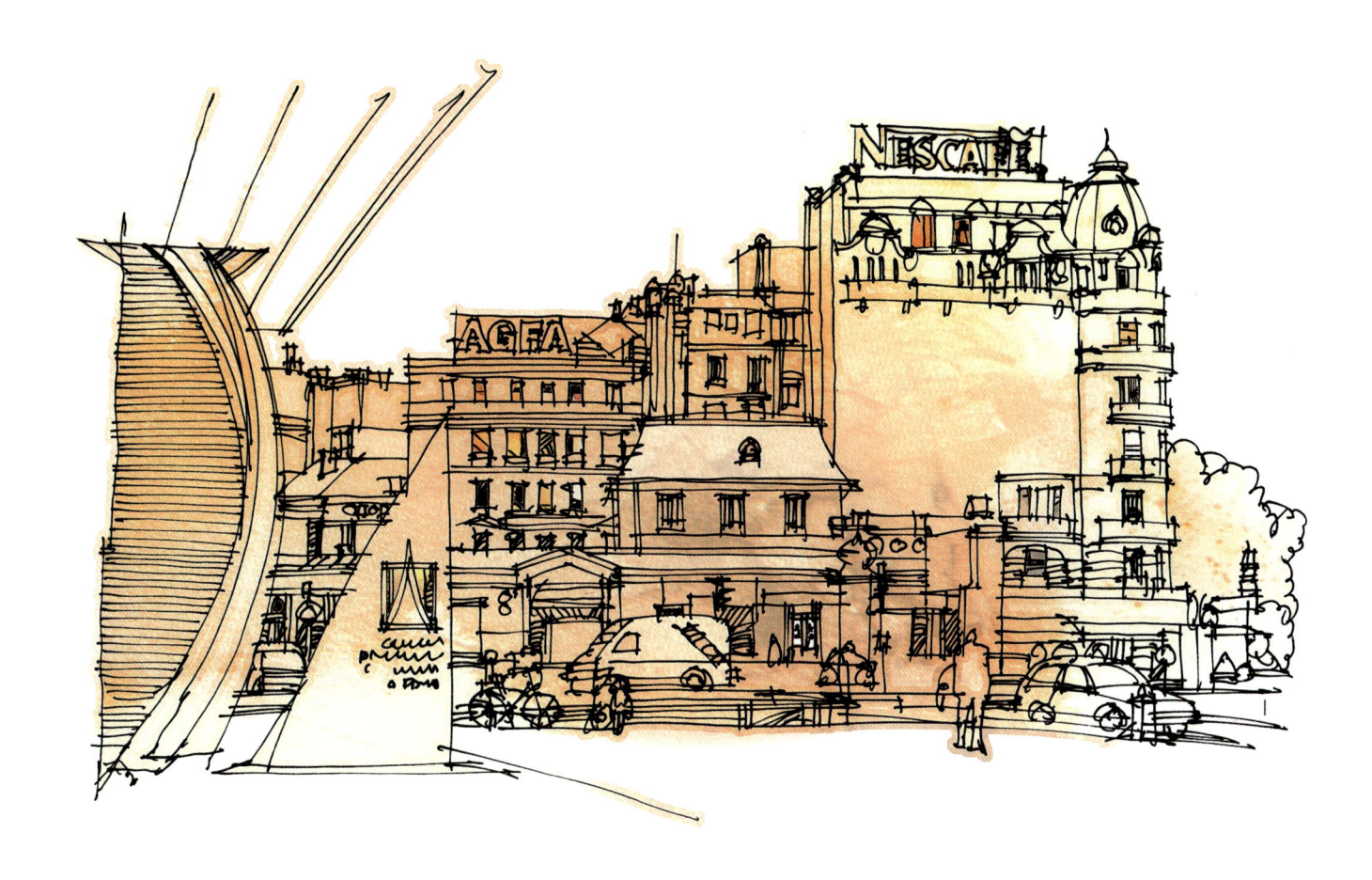

巴黎街景　作者｜陈新生

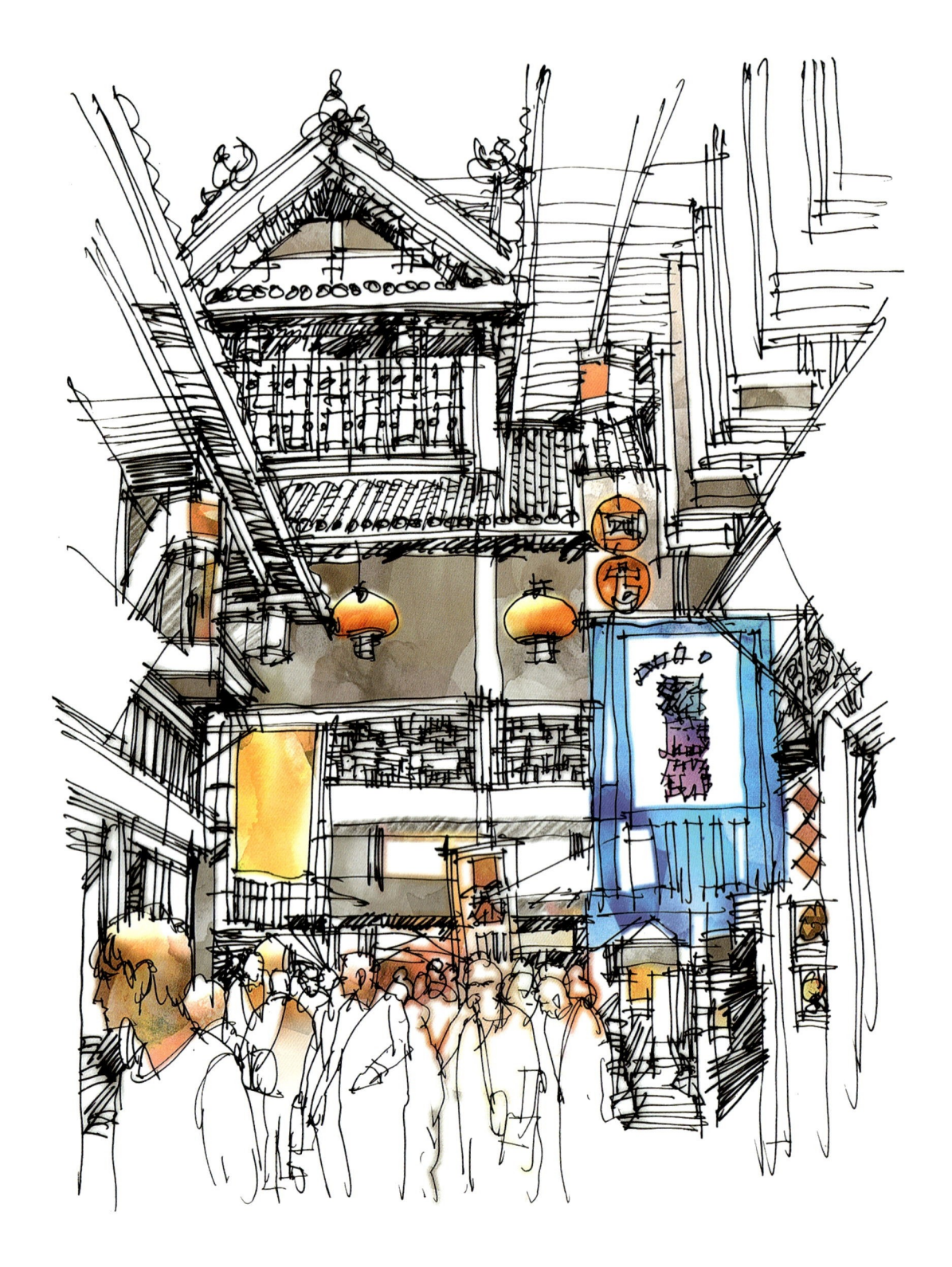

成都锦里　作者｜陈新生

法国桑斯 作者｜陈新生

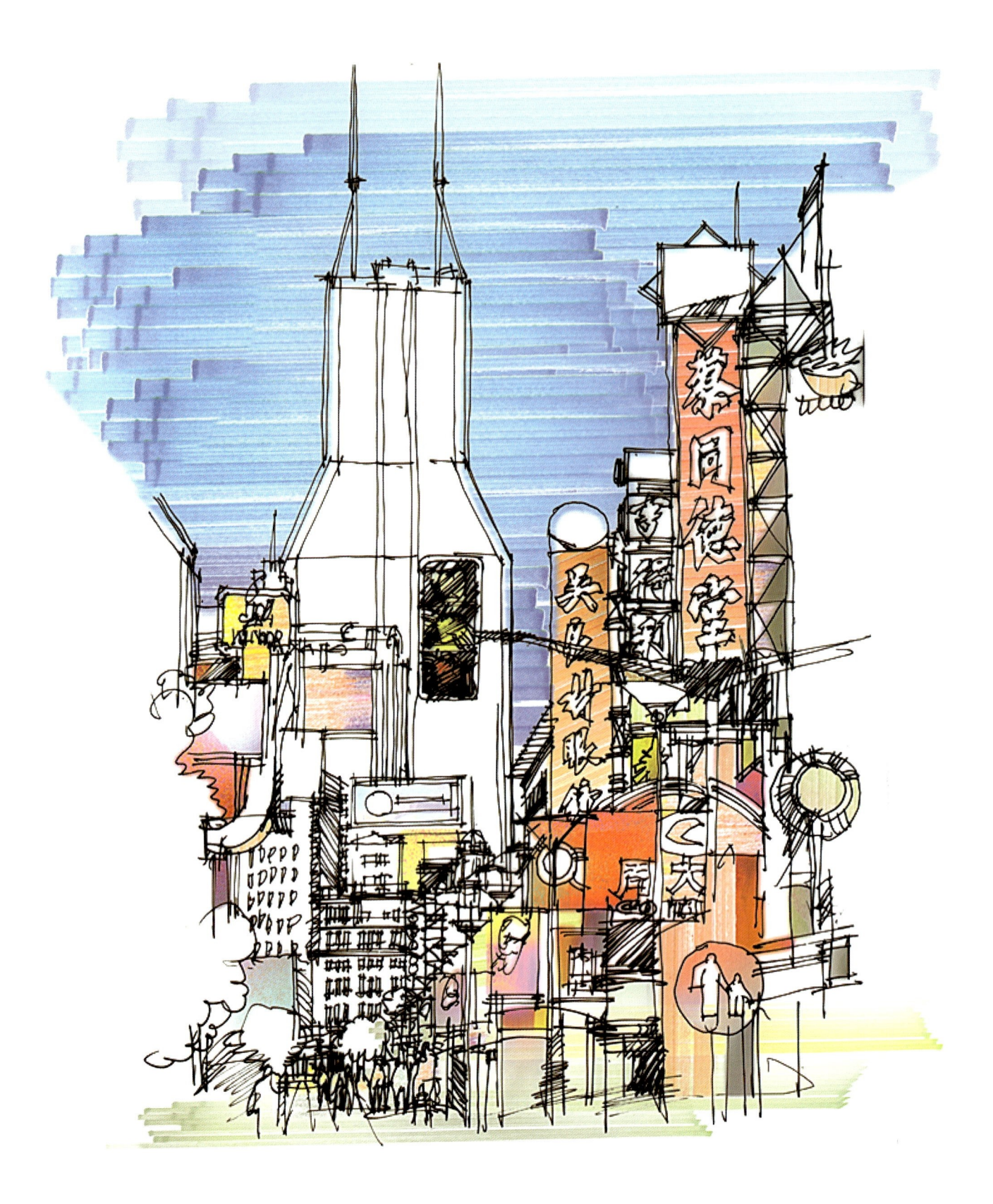

摩纳哥　作者 | 陈新生

德国卡尔斯鲁厄　作者｜陈新生

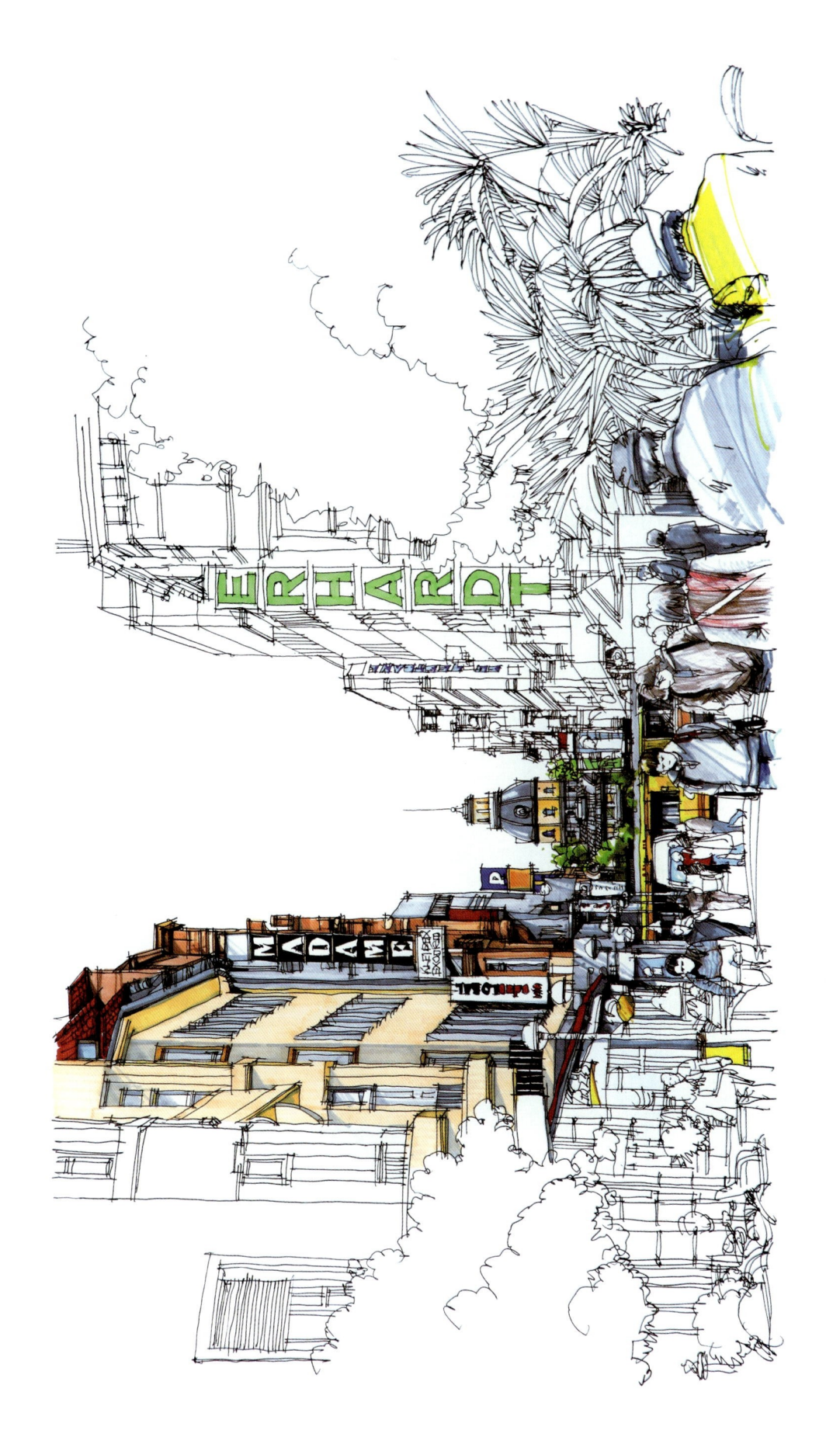

建筑钢笔画作品欣赏 | 137

九寨沟 作者｜陈新生

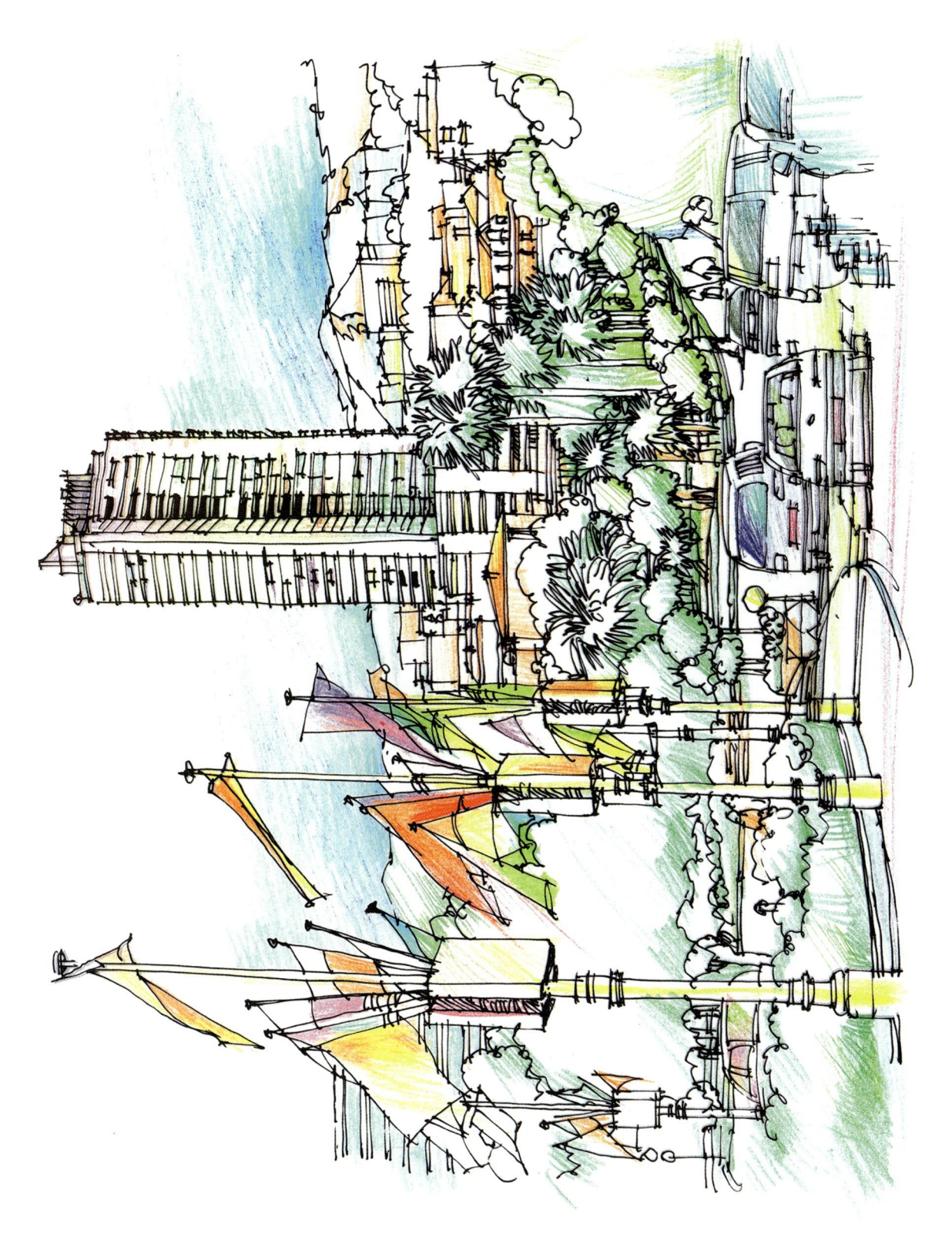

上海南京路 作者｜陈新生

圣马力诺 作者｜陈新生

陈方达作品

　　作者的钢笔表现手法娴熟多样，画面效果生动活泼，无论是线条的组织或明暗的表现都有自己独到之处。同时熟练地应用水彩、彩铅、电脑表现等多种手法结合钢笔线描表现出丰富多样的画面效果，使色彩和线条完美地结合。

水乡西塘　钢笔淡彩　作者｜陈方达

水乡西塘　钢笔淡彩　作者 | 陈方达

福建永泰民居 钢笔彩铅 作者｜陈方达

144 | 建筑钢笔画技法与写生实例分析

校园现代建筑 作者 | 陈方达

福建民居 钢笔彩铅 作者｜陈方达

宏村 钢笔彩铅 作者丨陈方达

小院　钢笔彩铅　作者｜陈方达

浙江松阳民居 作者｜陈方达

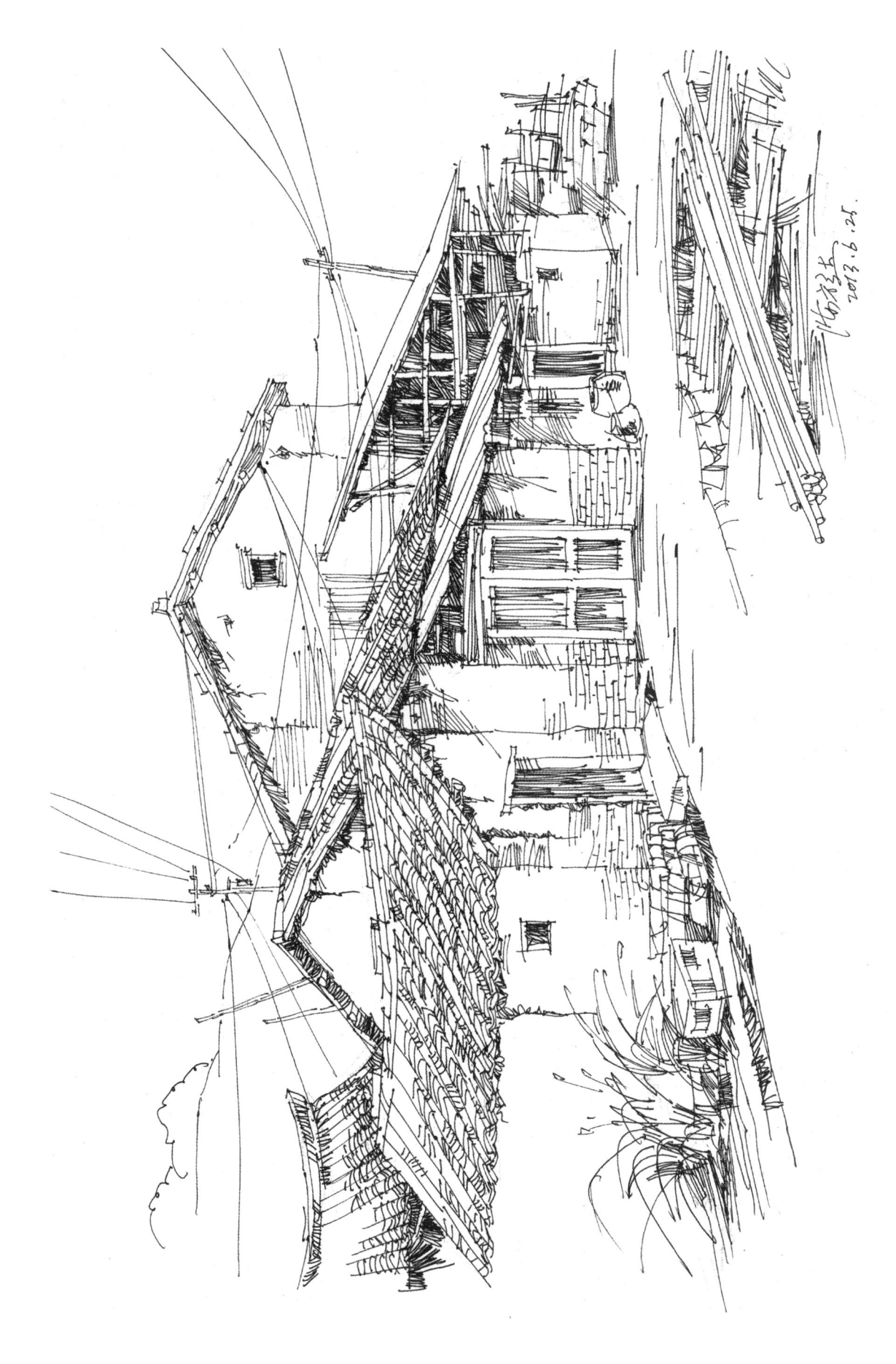

婺源思溪延村 作者｜陈方达

绍兴八字桥　作者｜陈方达

丽水大港头镇 作者丨陈方达

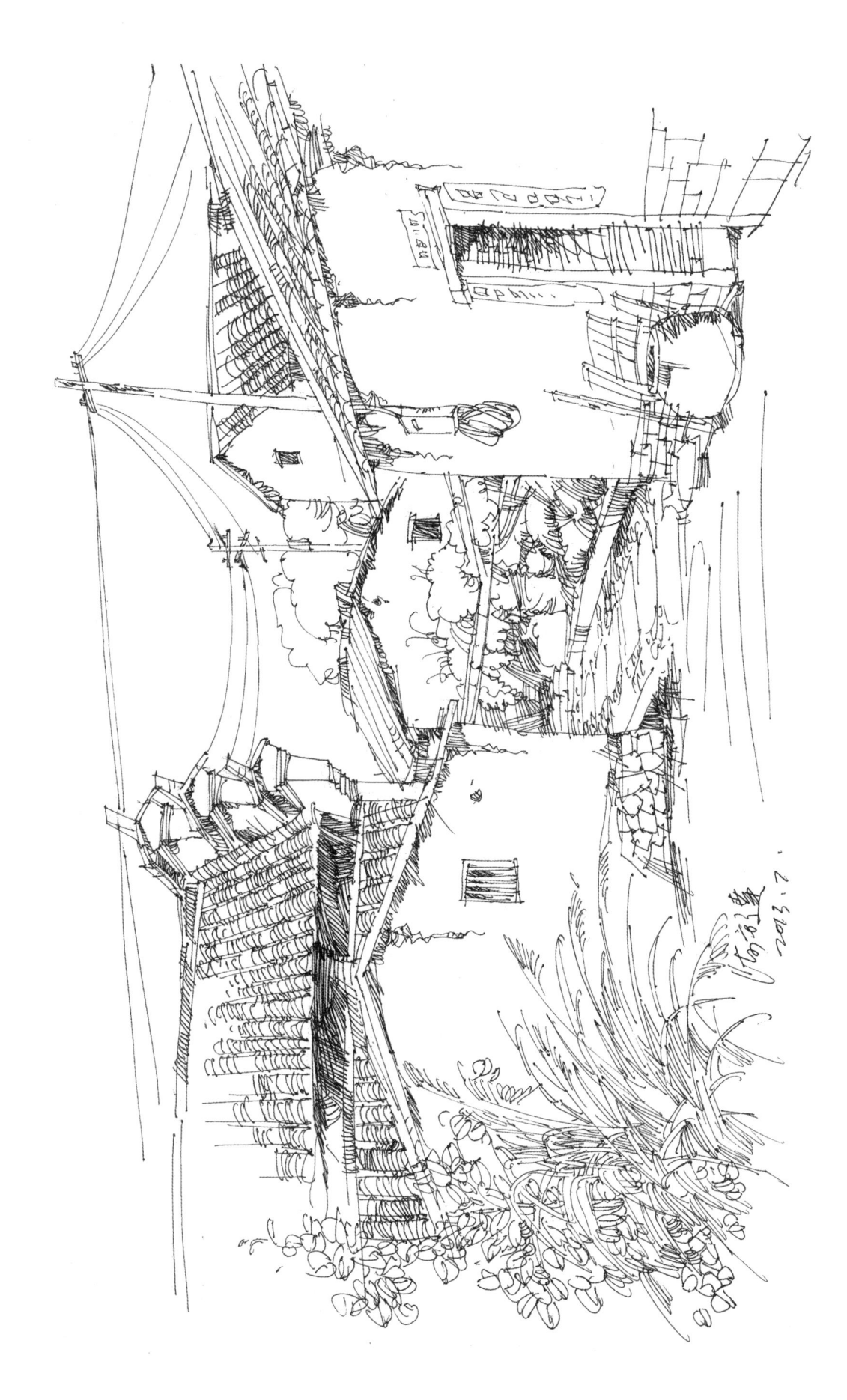

丽水保定村 作者｜陈方达

小巷　作者 | 陈方达

徽州金村　作者 | 陈方达

建筑钢笔画作品欣赏 | 155

铅笔建筑风景速写

　　铅笔建筑风景速写与钢笔建筑风景速写在表现手法上有很大的不同，但这两种方法又具有很强的互补性，在建筑风景画的教学过程中，两种绘画表现方法如果能够交叉、穿梭进行，可以相互借鉴、相互促进，从而使画面相得益彰，这样学习的效果也会更加理想。

浙江西塘　作者丨陈方达

丽水堰头村　作者 | 陈方达

浙江西塘　作者 | 陈方达

西塘小巷　作者 | 陈方达

武夷山民居 作者 | 陈方达

浙江丽水 作者 | 陈方达